彩图 3-6 黄金道果实

彩图 3-7 翠蜜果实

彩图 3-8 三雄 5 号果实

彩图 3-9 西州蜜 25 号果实

彩图 3-18 砧木切口

彩图 3-19 接穗切口

彩图 3

彩图 3-21 嫁接夹夹住接口

彩图 3-22 砧木去心

彩图 3-23 砧木插孔

彩图 3-24 插入接穗

彩图 3-25 插接苗

彩图 5-1 幼果枯萎

彩图 5-2 偏头畸形果实

彩图 5-3 果皮开裂

彩图 5-4 果实内开裂形成空洞

彩图 5-5 幼果黄化凋萎

彩图 5-6 果实顶部开裂

彩图 5-7 幼苗猝倒，病部出现白色毛状霉层

彩图 5-8 幼苗茎基部变褐，并枯萎死亡

彩图 5-9 植株枯萎死亡

彩图 5-10 茎皮纵裂，有树脂状胶汁溢出

彩图5-11 茎蔓发病，不断向上发展

彩图 5-12 发病部位有黄褐色或赤褐色或黑红色胶状物流出

彩图 5-13 叶柄和蔓上出现梭形或长椭圆形黑褐色病斑

彩图 5-14 叶面布满白色粉状物

彩图5-15 叶片出现水渍状退绿小斑点

彩图 5-16 植株叶片黄化变硬

彩图 5-17 果实呈褐色坏死状，瓜体僵硬

彩图 5-18 根系上出现串珠状的根结

彩图 5-19 感病植株矮小黄化

彩图 5-20 病斑后期形成边缘有黄晕的星状孔洞

彩图 5-21 成虫在叶背面取食

彩图 5-22 蚜虫在嫩梢刺吸汁液

彩图 5-23 叶片变黄，出现网状物

彩图 5-24 叶面出现不规则线状白色虫道

彩图 5-25 蓟马聚集在花冠内取食

棚室蔬菜栽培图解丛书

图说棚室西瓜甜瓜栽培关键技术

TUSHUO PENGSHI XIGUA TIANGUA
ZAIPEI GUANJIAN JISHU

刘石磊　主编

化学工业出版社

·北京·

棚室蔬菜生产发展迅速，栽培管理技术急需更新。本书紧密结合生产实际，主要介绍了棚室栽培的类型，西瓜、甜瓜棚室栽培的茬口，优势产区棚室及品种的选择，育苗技术，栽培管理关键技术和棚室主要病虫害的防治及化学农药的合理使用等内容。并通过大量的图片直观地反映所介绍的内容，力求对广大蔬菜种植业者、基层农技人员、科研及推广工作者等有一定的指导和参考作用。

图书在版编目（CIP）数据

图说棚室西瓜甜瓜栽培关键技术/刘石磊主编．—北京：化学工业出版社，2015.8（2022.6重印）
（棚室蔬菜栽培图解丛书）
ISBN 978-7-122-24178-8

Ⅰ．①图…　Ⅱ．①刘…　Ⅲ．①西瓜-温室栽培-图解 ②甜瓜-温室栽培-图解　Ⅳ．①S626.5-64

中国版本图书馆CIP数据核字（2015）第118329号

责任编辑：李　丽　　文字编辑：王新辉
责任校对：吴　静　　装帧设计：史利平

出版发行：化学工业出版社（北京市东城区青年湖南街13号　邮政编码100011）
印　　刷：北京京华铭诚工贸有限公司
装　　订：三河市振勇印装有限公司
850mm×1168mm　1/32　印张6½　彩插2　字数175千字
2022年6月北京第1版第6次印刷

购书咨询：010-64518888
售后服务：010-64518899
网　　址：http://www.cip.com.cn
凡购买本书，如有缺损质量问题，本社销售中心负责调换。

定　　价：25.00元

本书编写人员名单

主　　编　刘石磊

编写人员　张家旺　林正伟　吕艳玲

何　明　王丽丽　李世君

孙宝山　刘石磊　王　鑫

随着人们生活水平的提高和现代设施园艺生产技术的进步，西瓜、甜瓜的生产出现了显著变化，品种类型日益丰富，日光温室、大棚、小拱棚等棚室设施栽培面积日益增加，广大农业科技工作者积极适应市场需求，不断引进、选育新品种，开展相关配套高效栽培技术研究，积累了不少的新经验，取得了丰硕的成果。

西瓜、甜瓜的棚室栽培是现代设施园艺生产技术进步的结果，采用日光温室、大棚、小拱棚等棚室设施栽培，促进西瓜、甜瓜提早或延迟上市，在取得较高经济效益的同时，丰富了市场供应，棚室栽培逐渐成为我国西瓜、甜瓜栽培的主要方式。但由于我国大部分地区棚室结构还比较简陋，对棚室内环境的人为控制程度比较低，同时生产上还是以农户为基本单位分散经营，社会技术服务体系还不够完善，在西瓜、甜瓜的棚室生产中存在着的大量问题，制约了棚室西瓜、甜瓜的生产发展，导致品种选择不当、育苗质量低下、栽培管理技术水平低、病虫害严重等问题，亟须进行先进栽培管理技术的普及，以保障西瓜、甜瓜的棚室生产和市场供应。为此，笔者整理和总结了先进的棚室栽培管理技术，旨在为广大生产者和推广者提供借鉴，以促进西瓜、甜瓜棚室栽培技术的提高。

本书在吸收借鉴国内外西瓜、甜瓜棚室栽培方面的先进经验和研究成果的基础上，通过大量的图片，直观地介绍了棚室西瓜、甜瓜的特征特性、特色优势产区、优良品种、育苗技术、田间栽培管理关键技术、病虫害的防治及化学农药的合理使用等内容。力求理论与实践紧密结合，注重技术的实用性与先进性和可操作性，文字简练、通俗易懂。在编写过程中引用了相关书刊上的文献资料，在此对原作者及为本书提供相关帮助的朋友们表示感谢。

书中疏漏与不当之处，敬请专家、读者批评指正。

编者
2015年5月

目录

第一章

西瓜、甜瓜栽培的棚室类型及环境条件调控

西瓜和甜瓜不仅营养丰富，而且具有解暑止渴之功效，是人们普遍喜爱的夏令水果。我国的西瓜、甜瓜栽培具有悠久的历史，尤其是20世纪80年代中后期有了更大的发展，据统计，2010年我国的西瓜栽培面积为2718万亩，甜瓜栽培面积为590万亩。2010年，西瓜、甜瓜产业产值为2200多亿元，其中西瓜产值为1740亿元，甜瓜产值为460亿元，占种植业总产值的6%左右，在部分主产区占20%左右。西瓜、甜瓜产业在全国种植业发展中占有极其重要的地位，种植西瓜、甜瓜已成为广大农民增收的一项支柱性产业。

一、西瓜、甜瓜棚室栽培的意义

棚室栽培指在自然条件下不能进行西瓜、甜瓜生产的全程或部分过程，采用人工增温、保温等技术措施，创造适合西瓜、甜瓜生长的小气候条件，从而进行西瓜、甜瓜正常生产的一种生长栽培方式。根据覆盖时间的长短可分为全程覆盖栽培（温室、大棚）与半覆盖栽培（小拱棚）。近年来，随着菜篮子工程建设的飞速发展和人们生活水平的不断提高，消费者对优质、多样化、超时令西瓜、甜瓜需求量骤增，传统的露地栽培及靠贮运缓解供需矛盾的方法已远不能适应市场需要。因此亟须发展西瓜、甜瓜保护设施栽培。20

世纪 90 年代以来，西瓜、甜瓜保护设施栽培取得了前所未有的发展，高产、优质、高效西瓜、甜瓜综合栽培技术的研究开发，大幅度地延长了采收期，改善了商品性状，丰富了市场供应，有力地推动了西瓜、甜瓜生产的发展。棚室的早熟栽培，特别是日光温室高效节能栽培技术的综合应用，可使我国北方地区西瓜供应期延长达 5 个月之久，从而使我国西瓜生产迈上新台阶。

二、西瓜、甜瓜棚室生产的发展趋势

我国传统的西瓜、甜瓜栽培方式均是露地栽培，在 20 世纪 70 年代末 80 年代初，创造了以立架、小拱棚为特色东部地区厚皮甜瓜棚室生产模式。并引种新疆、甘肃白兰瓜等厚皮甜瓜在河南、山东等地区生产成功，20 世纪 80 年初至 90 年代初，随着改革开放和市场经济的发展，创造出大棚多层覆盖和日光温室栽培的生产模式。目前该生产模式已经成为我国各地甜瓜生产的主要形式。其中东北三省的薄皮甜瓜生产尤为迅猛，形成多个棚室栽培基地。20 世纪 90 年代中期以来，甜瓜棚室栽培进入了全面发展阶段，除了老产区外还形成了一批新的棚室栽培生产基地。目前国内棚室春提早栽培的甜瓜，特别是东北栽培产区，还有提早栽培、提前上市的必要，从周年均衡供应的要求看，4～5 月的淡季仍存在大面积发展春提早或越冬栽培的市场空间。棚室秋延迟甜瓜由于质量不是很高，上市期又与南运甜瓜相重叠，因此，在交通便捷、南运和冬贮甜瓜较多的地区不宜盲目大量发展。

我国西瓜棚室栽培研究虽然起步较早，但直到 20 世纪 90 年代中后期才在生产上形成规模。其中多以塑料大棚和小拱棚为主要栽培形式，并形成多个西瓜生产基地。日光温室西瓜的越冬栽培，技术上是成熟的，但是需要用保温性能良好的日光温室，生产成本过高，所以还不具备大面积发展的条件。棚室西瓜秋延迟栽培在生产成本上是可以和外运西瓜相抗衡的，理应发展，但是由于品质稍差，加上病虫害严重、生产把握不大、产量不高等问题，限制了生产的发展。总的来看，西瓜的棚室栽培在我国北方以及远离南方大中城市的地方发展前途广阔。但是在发展中一定要注意降低成本，提高商品质量，同时还要密切注意南方调运西瓜的行情，务求在竞争中求生存、求发展。

三、棚室类型、结构和性能特点

棚室是大（中）拱棚和日光温室的简称。拱棚骨架为钢材或竹、木结构，无独立的墙体维护，一般无加温设施，透明覆盖物多为塑料薄膜，采光面多为拱形。拱棚依大小分为大拱棚、中拱棚和小拱棚三种。大拱棚是指拱形跨度 6 米以上，高度 2～3 米，一般不用草帘覆盖的拱棚，简称大棚。中拱棚是指跨度为 3～6 米，高度 1～2 米，有或无草帘覆盖的拱棚。小拱棚是指跨度 1～2 米，高度低于 1 米的拱棚。

温室由透明或不透明墙维护，骨架为铝合金、钢架或竹、木结构，有或无草帘覆盖，透明覆盖物多为玻璃、透明塑料纤维板或塑料薄膜。根据加温设备有无分为加温温室和日光温室。我国生产上普遍应用的日光温室，利用砖或土墙作维护，覆盖透明的塑料薄膜或玻璃。利用大（中）拱棚和日光温室等保护设施种植西瓜、甜瓜，以达到（春）提早或（秋）延迟上市，获得较高经济效益为目的的栽培类型，称棚室西瓜、甜瓜栽培。

1. 日光温室

通常把温室内的热量主要来源（包括夜间）于太阳辐射热的温室叫做日光温室。塑料薄膜日光温室气密性强，冬季采光、保温性能好，抗风雪能力强，便于外保温覆盖，适于我国北方地区冬季和早春西瓜、甜瓜生产。日光温室在我国发展历史悠久，由于各地经济发展水平不同，温室的结构也不尽相同，种类较多。按墙体材料分主要有干打垒土温室、砖石结构温室（见图 1-1）、复合结构温室等。按后屋面长度分，有长后坡温室和短后坡温室（见图 1-2）；按前屋面形式分，有二折式温室，三折式温室、拱圆式温室、微拱式温室等；按结构分，有竹木结构温室、钢木结构温室、钢筋混凝

图 1-1　砖石结构温室

图 1-2　短后坡温室

图 1-3　钢筋混凝土结构温室

土结构温室、全钢结构温室、全钢筋混凝土结构温室、悬索结构温室，热镀锌钢管装配结构温室（见图1-3）。近年来，通过优化温室构型，加强内外多层覆盖保温措施，选用耐低温、耐弱光的西瓜、甜瓜品种，改进栽培管理技术等措施，在辽宁、山东、河北、天津、北京、山西等地迅速发展，已成为主要的棚室栽培形式。

2. 大（中）棚

塑料大（中）棚是塑料薄膜覆盖的大（中）型拱棚的简称。与日光温室相比，具有结构简单、建造和拆装方便、一次性投资小、不受地域限制等优点，因此国内塑料大（中）棚的发展速度比日光温室快得多。塑料大棚由于各地用材、面积大小不同，所以结构也各式各样。有竹、木结构的，有水泥支柱、竹木或钢筋混合结构的，有金属线材焊接支架或镀锌钢管结构的等。近几年金属线材焊接支架、镀锌钢管支架，已批量生产，用户可直接组装塑料大棚，这已在经济发达地区占主要地位，经济条件较差的地区，仍以竹木结构为主。目前应用于西瓜、甜瓜栽培的大（中）棚主要有三种类型。

（1）装配式镀锌钢管大棚　这种大棚最近几年发展迅速，以薄壁镀锌钢管为主要骨架用材，一般由厂家生产配套供应，用户组装即可。具有结构强度高、防锈蚀性能好、易装卸拆迁、中间无立柱、透光性能好、管理方便等特点，适合于西瓜、甜瓜栽培，但一次性投资大，造价高。拱杆为薄壁镀锌钢管，上下拱之间用特制卡件固定拱杆。底脚插入土中固定，顶端套入弯管内，纵向排拉杆与拱杆固定在一起，由特制卡销固定拉杆和拱杆，成垂直交叉。为了增加棚体牢固性，纵边四个边角部位可用斜管加固棚体。棚体两端各设一门，除门的部位外，其余部位排横杆，上有卡槽，用弹簧条嵌入卡槽固定薄膜。有的棚在纵向也用卡槽固定薄膜，但大多用专用扁形压膜线压紧薄膜，有的还安装手摇卷膜装置，供大棚通风换气时开闭侧窗膜用（见图 1-4）。

（2）竹、木结构或塑料大棚　其优点是取材方便，投资少，省工省料，易建造，易拆迁。缺点是抗风雪能力较差，竹、木结构大棚棚内立柱多，遮光严重，也不便于棚内田间作业。有两种类型：竹结构大棚，用毛竹片或竹竿作棚架，拱架可用 2～3 年；竹、木混合大棚，中间横有 4～6 排立柱（见图 1-5）。

图 1-4　装配式镀锌钢管大棚

图 1-5　竹木结构中棚

（3）无柱钢架塑料大棚　这一类塑料大棚，北方地区应用很普遍，可以自己焊接建造，也有厂家配套生产、安装。由于棚内无支柱，拱杆用材为钢筋，因此，遮阴少，透光好，便于操作，有利于机械化作业，坚固耐用，使用期 10 年以上，有的甚至长达 20 年，只是一次性投资较大。普遍采用的是圆钢直

图 1-6　无柱钢架塑料大棚

接焊接成人字形花架当拱梁。上下弦之间用钢条做成人字形排列，把上下弦焊接成整体。为使整体牢固和拱架不变形，将纵向用拉杆焊接在拱架下弦上，两端固定在两侧的水泥墩上（见图 1-6）。

四、大棚、日光温室内的环境调控

棚室栽培是在不利于作物生长的低温弱光季节，在密闭或基本上密闭的设施里，人工创造出适宜的生长环境条件以满足蔬菜生长发育要求的一种生产方式。因此，棚室农作物生产的关键在于环境调控。掌握棚室的环境调控技术是棚室农作物生产获得高产、高效的重要保证。不同棚室的采光保温性能有一定的差异，其内环境条件的调控应在该设施性能基础上进行。其中透光性能和保温性能是评价棚室性能好坏的主要指标。棚室的结构类型、棚室覆盖材料的透光性能决定了其透光性能的强弱。棚室的保温性则取决于后墙和侧墙的厚度以及覆盖材料的保温性。在以上因素确定的前提下，棚室环境还可以通过某些人为措施来改变，灌溉方式和频率、补光措施及施肥等都会影响棚室内的空气相对湿度和温度。

1. 光照的调节与控制

阳光既是热量的源泉，又是光合作用能量的来源。光照弱是影响作物生长发育的限制因子之一，在设施内的冬季生产中尤其显得重要，因此，应想方设法提高光照度，改善棚内的光照条件。

（1）改进结构温室的方位、透光面与地面的角度、建筑材料的遮阴面、后坡面（即后屋面）的长度与仰角等　日光温室一般根据使用时间及当地的气候条件，朝向偏东（或偏西）5°～10°，以便争取清晨或午后有更多的光照。此外，在温室场地方面，以空旷、周围无荫障、温室之间间距合理为原则。大、中棚方位以南北延长为宜，以求东西两侧受光均匀；透光率与光线的入射角大小有直接关系，入射角越小，透过率越低。大多数都把 40°入射角作为确定理想屋面坡度的依据。入射角取决于太阳高度和温室前屋面角度，太阳高度在一天中以中午为最大，日出、日落时最小。由于太阳位置冬季偏低、春季升高的特点，冬季使用的温室透光面坡度应大些，春季使用的温室透光面坡度应小些；温室骨架造成遮阴，影响光线透过。因此，温室骨架面积与温室总透光面积之比（结构比）越小，透光性能越优越。竹木结构的日光温室遮阴面较大，无支柱薄膜温室遮光率小，所以，选择强度大、尺寸小的建材，减少框架、立柱，是提高透光率的重要措施之一。后屋面的宽度和仰角对温室的采光影响也不小，后屋面太宽，春秋季太阳高度角增大时，屋内遮阴面积过大，影响后排作物的生育。一般后屋面的投影长以0.8～1.2米为宜，过小不利于保温；后屋面的仰角应根据温室使用季节而定，一般略大于当地冬至正午的太阳高度角，以保证冬季阳光能照满后墙，并增加屋内热能。

（2）选择透光性能好的塑料薄膜　不同种类的塑料薄膜，其光学性能亦有所不同，透光率有一定的差异。常用的塑料薄膜有聚氯乙烯（PVC）膜、聚乙烯薄（PE）膜和乙烯醋酸烯（EVA）膜，其中以PE膜应用最广，其次是PVC膜；按薄膜的性能特点，可分为普通膜、长寿膜、无滴膜等，以普通膜应用最广，其次是长寿膜和无滴膜；从薄膜的透光性能来看，无滴膜的透光率较好。此种薄膜的使用寿命较长，再利用价值高。在使用中要注意，早春日光温室或大棚处于密闭状态时，无滴膜棚内常生成大量雾滴，容易导致病害发生，必须及时消除膜内水滴。常用方法：拍打膜面，使水滴下落；定期向膜面喷洒除滴剂或消雾剂。普通薄膜喷涂SN防水滴剂后，膜上就不容易形成水滴，透光率可提高35%左右。同时，生产过程中要注意经常保持膜面清洁，及时清除膜面上的灰尘、碎草、积雪等。

（3）应用适宜的增光补光技术　①张挂反光幕：在日光温室中柱后边张挂聚酯铝膜反光，可改善温室后部的光照状况。张挂方法是，在后墙上部东西拉1道细铁丝，把2幅宽1米的反光膜对接，用透明胶粘住，搭在铁丝上，用曲别针固定。张挂反光幕区域内，光照强度普遍增强，增光效应越明显。反光幕夜间和中午应收起，早晚和阴天阳光弱时张挂，使白天后墙充分吸热，夜间散热，以提高棚温。反光幕增加了光照强度，提高了气温，降低了空气湿度，缩短了一天中的高湿时间，可有效抑制多种病害的发生，同时具有驱避蚜虫的作用。②补光技术：即连续阴雨雪天时进行人工补光(用于增加光合作用的光源，以采用高压钠灯、金属卤灯为好；用于延长光周期的灯源采用白炽灯为好)。增加光源的手段仍未在大面积的设施栽培中得到利用，这可能与管理者对增加光源后的收益大小与光源的经济投入多少没有正确的认识有关。

(4) 合理的栽培管理　大棚、日光温室的日常管理，对改善室内光照条件有密切的关系。其主要管理措施有：全畦地膜覆盖，改漫灌或沟灌为膜下微孔渗灌；在室内温度许可的条件下，增加通风，降低空气湿度，从而提高光透过率；及时揭、盖前屋面的保温草苫和棚内覆盖物，以延长光照时间，在阴天可早揭晚盖，充分利用散射光，并保持棚膜清洁透明；合理密植和科学安排植株布局，如单面日光温室行向应与温室走向相垂直，大小行种植，改善后排的光照条件，以及高畦栽培等。

2. 温度的调节与控制

温度是温室环境调控的主要环境因子。温室作物的生长发育进程明显受到温度的影响。温室内温度的调节控制包括保温、加温和降温三个方面，温度调控的目的是使作物获得生长的适宜温度。为了最大可能地满足设施栽培蔬菜对温度的需求，应采取多种切实可行的方式来提高地温和增加棚内空气温度。

(1) 半地下室式建棚　适于喜高温、耐热力强、但不耐寒的果菜类。大棚内的地面要比棚外低，使其处于半地下室状态，这样即便是温度最低的季节，也能满足蔬菜生长所需要的温度。

(2) 加宽后墙及后屋面　砖墙最好砌成空心墙，空心内填聚苯泡沫板、秸秆等保温材料。墙体要达到一定的厚度：北纬40°以北地区，墙体采用“苯板＋砖”结构，其厚度可为“内厚砖墙＋中苯板（内外两层错缝放置）＋外厚砖墙”；采用石头或砖作为墙体结构的，其厚度可为“厚墙体＋当地最大冻土层厚度的培土”。墙砌好后，要注意抹缝，防止寒风通过缝隙渗入温室内。

(3) 保证后坡的厚度和长度　在西北多风地区，应在棚室后坡和东西侧架设风障，在大棚北侧沿棚东西方向用芦苇秆、玉米秸秆等建成带有一定坡度的护风屏障，再加层旧薄膜。这样既有利于挡风，又可起到反光作用。北方以苯板作为后坡材料，上下两层错缝放置，寒冷季节还要覆盖整捆的秸秆。

（4）温室前底脚要设置防寒沟　为防止外界的低地温横向传导到室内，可于温室前底脚基础处向外挖防寒沟。防寒沟的周围衬上旧塑料薄膜，内填麦糠、锯木屑等封严压实，防止漏水，可有效阻止棚内地温散失。

（5）采用多层覆盖，减少热量散失　温室外覆盖保温被、纸被＋草苫、双层草苫等，温室内设置保温幕、扣小拱棚和地膜或小拱棚上再覆草帘等，为提高保温性能，大棚覆盖的草帘要紧实。在深冬季节，为防止雨雪弄湿草帘，可在草帘上加盖层普通农膜。

（6）准备临时加温设施　冬季棚室蔬菜生产常常遭遇强寒流的侵袭和连续阴雨低温天气，采用临时加温措施可有效预防和降低灾害性天气带来的损失。用炉火加温的一定要架烟道，并防止烟道漏烟、漏气，以免发生一氧化碳和二氧化硫中毒现象。此外，当中午室内温度过高时，要及时放风降温，防止发生高温危害。

3. 湿度的调节和控制

湿度是与温度同等重要的调控因子，是影响大棚内病害发展的关键因素，也是影响棚内空气温度的重要因子。在温室相对密闭和不通风的情况下，由于蔬菜的蒸腾和土壤蒸发，室内空气湿度较大。过高的空气湿度可以诱发病虫害的发生，严重影响植株的正常生长发育，影响产量。因此，科学调节和控制大棚内空气湿度对于棚室作物栽培显得尤为重要。

调节温室内湿度的方法有以下几种。

（1）通风换气　通风是降低湿度的重要措施，排湿效果最好。但是通风时必须在高温时进行，深冬和春季一般应在中午前后进行，在保证温度的前提下，尽量延长通风时间。顶部风口排湿效果最好，外部气温高时，可同时打开顶部和前部两排通风口。

（2）地膜覆盖畦面　覆盖地膜防止土壤水分向室内蒸发，可以明显降低空气湿度，并可提高地温，是一项方便、有效的降湿、增温措施。

（3）增大棚室内透光量　采用防雾无滴膜覆盖，可减少膜表面结露和室内起雾，防止作物沾湿，提高温度，降低棚内空气湿度。对于普通大棚膜可喷洒防滴水剂除去棚膜上的水滴，增加透光度，降低空气湿度。

（4）改进施药方法　采用物理方法（黄板诱杀等）和化学方法（烟雾剂和粉尘剂）相结合的方法进行防治，如果用喷雾剂施药，要在晴天上午施用。适当减少防治次数和喷液量，防止棚内湿度过高。

（5）人工补光　在阴、雪天气及夜间，可以安装碘钨灯等照明灯具来升温补光，提高大棚内的温度，降低湿度。

4. 气体的调节与控制

日光温室是一个半封闭系统，限制温室内空气与大气间的交换，致使室内二氧化碳浓度较低，有害气体含量较高。日光温室内二氧化碳平均含量为 0.03%。而植物所需二氧化碳浓度可达 0.1%。试验表明，日出时空气中的二氧化碳浓度最高，约 3 小时后降至最低点，下午 15 时左右空气中二氧化碳的浓度又呈现逐渐升高的变化。温室栽培通过提高空气中的二氧化碳浓度，就可使作物的光合速率加快，光合作用增强，进而增加产能。一般采取通风换气、增施有机肥、补充二氧化碳气肥等方法进行调控。补充二氧化碳气肥时应注意：针对特定的蔬菜作物，二氧化碳气肥的施用浓度要适宜；二氧化碳气肥的施用时间一般控制在蔬菜生长最旺盛时期，选择植株光合作用最强的上午多点释放；施用时间结合栽培蔬菜的生理特性，综合考虑环境温度和湿度施用，以免造成生理性危害。

第二章 西瓜棚室栽培关键技术

第一节 西瓜植物学特征

西瓜属葫芦科、西瓜属，一年生蔓性草本植株。西瓜植株由营养器官（根、茎、叶）和生殖器官（花、果实、种子）构成。

一、根

西瓜的根系分布深而广，可以吸收利用较大容积土壤中的营养和水分，可直接参与有机物质的合成。其主根入土深达 1 米以上，在主根近土表处形成一级根，其上又分生多级次生根向四周水平方向伸展，在茎节上形成不定根。西瓜根系伸展得深而广，是其耐旱的特征之一。西瓜根系发生较早，开始坐果时，根系生长达高峰。根纤细，易损伤，一旦受损，木栓化程度高，新根发生缓慢，故不耐移栽。育苗移栽时，最好采用营养钵育苗，以减少根系损伤，保证成活。根系生长好氧性强。故在土壤结构良好、空隙度大、土壤通气性好的条件下吸收机能加强，根系发达，在通气不良的条件下，则抑制根系的生长和吸收机能。西瓜根系生长的适宜土壤酸碱度为 pH5.5～7。因此，西瓜最适宜沙质土壤栽培。

二、茎

西瓜茎包括下胚轴和子叶节以上的瓜蔓。茎上有节，节上着生叶片，叶腋间着生苞片、雄花或雌花、卷须和根原始体。根原始体接触土面时会发生不定根。西瓜瓜蔓前期节间短，呈直立状，在长出一定长度时，便匍匐地面生长。另一个特点是分枝能力强。侧枝的长势因着生位置而异，其后因坐果，植株的生长重心转移为果实的生长，形成数目减少，长势减弱。直至果实成熟后，植株生长得到恢复，侧枝重新发生。

三、叶

西瓜的子叶为椭圆形。真叶中间裂片较长，两侧裂片较短，裂片羽状分裂，边缘波状或具疏齿。西瓜叶片的形状与大小因着生位置而异。第1片真叶呈矩形，无缺刻，而后随叶位的长高裂片增加，缺刻加深。第4～5片以上真叶是主要的功能叶。叶片的大小和素质与整枝技术有关。在田间可根据叶柄的长度和叶形指数判断植株的长势。叶柄较短、叶形指数较小是植株生长健壮的标志。相反，叶柄伸长，叶形指数大，则是植株徒长的标志。因此，在果实生长期，通过植株调整，增加功能叶的数量和功能是栽培中的重要问题。

四、花

西瓜的花为雌雄同株，均单生于叶腋，花冠合生成漏斗状，被长柔毛，花丝粗短，雌花较雄花大，雄花的发生早于雌花，雌花柱头和雄花的花药均具蜜腺，虫媒花。西瓜花芽分化较早，在子叶期雄花芽就开始分化。真叶初期为雌花分化期。育苗期间的环境条件，对雌花着生节位及雌雄花的比例有着密切的关系。较低的温度，特别是较低的夜温有利于雌花的形成，在2叶期以前短日照可促进雌花的发生。无论雌花或雄花，都以当天开放的生活力较强，授粉受精结实率最高。

五、果实

西瓜的果实由子房发育而成，由果皮、内果皮和带种子的胎座三部分组成。西瓜果皮紧实，具有比较复杂的结构。中果皮，即习惯上所称的果皮，较紧实，无色，含糖量低，一般不可食用。中果皮厚度与栽培条件有关，它与贮运性能密切相关。食用部分为带种子的胎座。果实表面光滑，果实有圆形、长椭圆形等形状。果皮有不同程度的绿色、黄色和黑色，或附各色条纹。果肉分黄、红、白等颜色，有的果肉还有两种颜色混合。肉质分沙瓤、水沙瓤、软肉瓤、硬肉瓤。

六、种子

种子扁平、卵圆或长卵圆形，平滑或具裂纹。种皮白色、浅褐色、褐色、黑色或棕色，单色或杂色。种子的主要成分是脂肪、蛋白质。西瓜种子吸水率不高，但吸水进程较快，干燥种子吸水 24 小时达饱和状态。种子发芽适温 25～30℃，最高 35℃，最低 15℃。采收后种子在果实内后熟，能显著提高尚未充分成熟的种子的发芽率和发芽势。刚采收的种子发芽率不高，是由于果汁中含有抑制种子发芽的物质。经过一段时间储藏后抑制物质消失，在第 2 年播种时不影响发芽率。

第二节 西瓜生长发育周期

西瓜的生长发育具有明显的阶段性，其生育周期可分为发芽期、幼苗期、伸蔓期和结果期四个时期。西瓜生育周期的长短，在不同类型和品种之间差异较大。在适宜的条件下，小西瓜的全生育期一般为55～65天，从雌花开花到果实成熟，小西瓜只需要20多天，比普通西瓜的早熟品种熟期要提早7～10天。大型晚熟西瓜的全生育期可达到100～115天。

一、发芽期

西瓜从种子萌动到第一片真叶显露为发芽期。西瓜在发芽期主要依靠种子内贮存的营养进行生长，主要是胚轴的生长。因而种子的绝对重量和种子的贮存年限对发芽率和幼芽质量具有重要影响。西瓜发芽期的长短与种子处理及土壤温、湿度有关。遇到不适条件将引起沤籽等生理障碍，造成缺苗断垄。幼苗出土后应适当降低温度和湿度，防止下胚轴徒长，形成高脚苗。

二、幼苗期

西瓜从第一片真叶显露到开始伸蔓为幼苗期，表明植株已经到达了能够独立生长的阶段。下胚轴开始伸长形成幼根。植株初期呈直立状态，后期开始匍匐生长。西瓜在幼苗期，地上部分生长较为缓慢，根系生长极为迅速，且具有旺盛的吸收功能。幼苗期是西瓜花芽分化期，第1片真叶显露时花芽分化就已经开始。构成西瓜产量的所有花芽都是在幼苗期分化，因此在幼苗期应适当浇水追肥及中耕来提高地温，促进根系发育和花芽分化。

三、伸蔓期

西瓜从真叶伸蔓到主蔓第二雌花开花为伸蔓期。此时植株开始匍匐生长，根系继续旺盛发育。这个阶段又划分为伸蔓前期和伸蔓后期两个时期。

1. 伸蔓前期

节间伸长，茎叶生长加快，叶数增加，是茎蔓伸长和叶面积增多增大的最快时期，生长中心在植株顶端生长点上，光合作用的产物主要输送给生长的茎叶。为了促进雌花发育，栽培上应以“促”为主，增加同化产物积累，为及时开花坐果提供物质基础。

2. 伸蔓后期

此期植株长势逐渐增强，是第二雌花现蕾开花之际，为了调节、平衡营养生长与生殖发育的关系，防止徒长，促进第二雌花发育，栽培上以“控”为主，通过肥水、植株管理来控制茎叶生长，减少营养消耗，使光合产物更多向花果输入，这个时期也是营养生长向生殖生长转变的关键时期。

四、结果期

西瓜从第二雌花开花到果实生理成熟为结果期。结果期所需日数的长短，主要取决于品种的熟性和当时的温度状况。西瓜进入结果期，根、茎、叶急剧增长，根系已基本形成，植株叶面积达到最大值。此期又分为果实坐果期、果实膨大期和果实成熟期三个阶段。

1. 果实坐果期

从第二朵雌花开放到幼果达到鸡蛋大小的一段时间为果实坐果期。这阶段是西瓜从营养生长为主向生殖生长为主的转折期，由于此时处于开花坐果阶段，果实生长优势尚未形成，仍以茎叶生长为主体，容易发生疯秧而导致落花落果。栽培上主要以促进坐果为中心，严格控制灌水，及时整枝打杈和压蔓，并采取人工辅助授粉或激素处理等措施。

2. 果实膨大期

西瓜从果实鸡蛋大小到“定个”为果实生长盛期，亦称膨大期。此期果实生长优势已经形成，植株体内的同化物质大量向果实中转化，果实直径和体积急剧增长，是决定西瓜产量高低的关键时期。果实膨大期对肥水的需要量达到最高峰，此时肥水供应不足，不仅果实不能充分膨大而减产，也容易对植株产生抑制作用而“坠秧”，并导致脱肥和早衰。在栽培上以促进果实膨大为主，应肥水充分并喷施营养液防止叶片早衰。

3. 果实成熟期

从果实定个到生理成熟为成熟期。这一时期植株逐渐衰老，果实生长缓慢，果实内部物质发生生化反应，胎座细胞色素含量增加，还原糖含量下降，果糖、蔗糖含量增加，甜度提高，瓜瓤肉质松脆或软化，种子成熟，对产量影响不大，是决定品质好坏的关键时期。在栽培上应采取翻瓜和垫瓜等措施以提高果实的品质，在减少浇水、保持供水平衡的同时应防止植株早衰，防治病虫害。

第三节　西瓜对环境条件的要求

一、温度条件

西瓜属热带作物，整个生长周期的适宜温度为18～32℃，需要2500～3000℃的积温，耐高温，40℃时仍能保持一定的光合效能。不耐低温，根系生长的最低温度为8～10℃，茎叶生长的最低温度为10℃，果实发育最低温度为15℃。营养生长期可以适应较低的温度，而坐果及果实的生长阶段必须有较高的温度。西瓜发芽期适宜温度为25～30℃，幼苗期适宜温度为22～25℃，伸蔓期适宜温度为25～28℃，结果期适宜温度为30～35℃。开花坐果期，温度不得低于18℃，低温下形成的果实容易出现畸形、皮厚、空心等情况。坐瓜后需较大的昼夜温差，较高的昼温和较低的夜温有利于西瓜的生长发育，特别是在生育后期，较大的昼夜温差有利于果实中糖分的积累，我国北方地区，一般昼夜温差较大，西瓜含糖量高，生产的西瓜品种优于南方。

二、光照条件

西瓜是短日照作物，光饱和点为80000勒克斯，光补偿点为4000勒克斯。整个生育期都需要有充足的日照，结果期要求日照时数10～12小时以上，短于8小时结瓜不良。西瓜对光照条件反应十分敏感。光照充足时，表现出植株节间和叶柄较短、蔓粗、叶片大而厚实、叶色浓绿。在连续多雨、光照不足的条件下，则表现为植株节间和叶柄较长、叶形变得狭长、叶薄而色淡、容易感病；在坐果期则严重影响养分积累和果实生长，果实含糖量显著下降。

三、水分条件

西瓜地上部叶片由于具有茸毛，叶片裂刻多，可以减少水分的蒸腾。西瓜根系不耐涝，当土壤含水量过高时，会造成根系缺氧而导致全株窒息死亡。试验表明西瓜植株发育以土壤持水量60%～80%最为经济。

1. 不同生育阶段西瓜对土壤含水量的要求

种子萌发期土壤含水量在15%左右；植株幼苗期土壤含水量在60%左右；伸蔓至开花期要求田间最大持水量为60%～70%；果实膨大期要求田间最大持水量为70%～80%。果实成熟期内，应控制和停止浇水，否则影响产量品质。

2. 空气湿度

西瓜要求空气干燥，适宜的空气相对湿度为50%～60%。空气湿度过高则茎蔓瘦弱，坐果率低，果实品质差，病害发生率高；空气湿度过低会影响营养生长和授粉授精。

四、土壤条件

西瓜种植以沙壤土为最好，适宜土壤 pH5.5～7，能耐轻度盐碱。西瓜需肥量较大，据试验，每生产 1000 千克西瓜产品，需氮 2.25 千克、磷 0.9 千克、钾 3.38 千克。而对硼、锌、钼、锰、钴等微量元素的反应较敏感，对钙、镁、铁、铜也有一定要求。营养生长期吸收的氮多，钾次之；坐果期和果实生长期吸收的钾最多，氮次之。在满足氮营养的同时，增施磷、钾肥可提高抗逆性和改善品质。钾对叶片氮代谢有良好的协调作用，增施磷肥有利于果实中蔗糖的积累。西瓜为忌氯作物，故不要施用氯化钾和氯化铵等肥料，否则会降低品质。西瓜对各元素的吸收量都有最适峰值，在西瓜栽培中，要想优质高产高效益，必须做到有机肥与无机肥的合理配合施用、三要素及其他元素的合理配比，不可偏施任何一种肥料。

五、CO_2 条件

二氧化碳是植物光合作用的主要原料，空气中二氧化碳浓度的高低将影响到光合作用的强弱。保护地因栽培空间较小，又需控制温度和湿度，棚室内空气与外界交换受到限制，二氧化碳补给不足，从而影响了植株的光合作用。据研究，西瓜二氧化碳的饱和点为 1000 毫升/升以上，而空气中二氧化碳的浓度仅为 300 毫升/升，远不能满足西瓜生长需求。所以，应特别注意采取措施，提高棚室内二氧化碳的浓度，以确保优质丰产。

第四节　适宜棚室栽培的西瓜品种

西瓜品种很多，只有合理选择品种，并做到良种良法配套，才能获得高产高效。实践证明，即使是优良品种，其品种间生物学性状也不完全相同，适应性更不一样，有的品种耐湿性好，有的耐湿性差，有的品种耐高温，有的品种耐低温等。若种植条件不适合该品种的生长发育习性，栽培中就会出现不正常现象，如长势弱或徒长、化瓜多、坐瓜难、瓜个小、畸形瓜多等。那么，应该如何挑选适合自己种植的品种呢？这既要根据不同的生长季节和环境条件选择品种，确保种植成功，又要以市场为导向，根据消费者的习惯选择品种，以获得高产高效。

一、棚室西瓜栽培注意事项

（1）早熟或极早熟冬春保护地栽培，由于栽培时处于较冷季节，无论采用哪种透光材料覆盖，设施内光照条件均不如外界，设施内的空气湿度也比露地高。因此，一定要选择耐低温、耐弱光、耐高湿的品种，并且要求这些品种果皮薄有韧性、品质好、易坐瓜、不倒瓤、耐贮运。

（2）近年来河南商丘、驻马店、漯河，山东临沂、昌乐，安徽亳州等地用中晚熟大果型品种（单瓜重 8～10 千克）进行早熟栽培，采取适当提前育苗、合理密植的措施，西瓜产量高，品质不错，运往南方城市，很受市场欢迎，解决了设施西瓜生产早熟与高产的矛盾，经济效益十分可观。

（3）供“元旦”“春节”市场的秋冬茬晚熟西瓜，要选生育前期抗高温、病毒病，生育后期耐低温弱光，低温短日照条件下不影响果实膨大，收获后耐储藏、不倒瓤的西瓜品种。

（4）老瓜区重茬瓜，要选耐重茬、抗枯萎病品种，这些品种虽然抗病性较强，有较好的耐重茬性能，但多年重茬栽培仍会出现瓜小、产量低的现象。要根本解决这些问题，还应采取嫁接栽培。

（5）丘陵、荒滩瘠薄田块种植西瓜，宜选用生长势强、耐旱、耐瘠薄的西瓜品种。

二、各地棚室西瓜产区及栽培方式、品种

1. 北京西瓜优势产区

大兴区以大棚嫁接栽培为主。主要品种有中型西瓜如京欣1号、京欣2号、京欣3号、航兴1号、航兴3号，小型西瓜如京秀、新秀、L600、红小帅等。顺义区以春大棚栽培为主。品种主要有中型西瓜如京欣2号、京欣1号（见图2-1，见彩图）、北农天骄等，小型西瓜如红小帅、红小玉、京秀（见图2-2，见彩图）、早春红玉、福运来、L600等，无籽西瓜如黑蜜（见图2-3，见彩图）、暑宝，小型无籽西瓜如京玲-3、甜宝小无籽、墨童、蜜童等。

图2-1 京欣1号西瓜

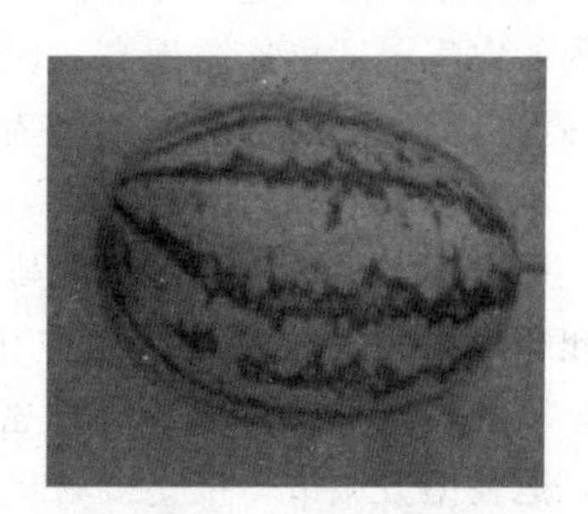

图2-2 京秀西瓜

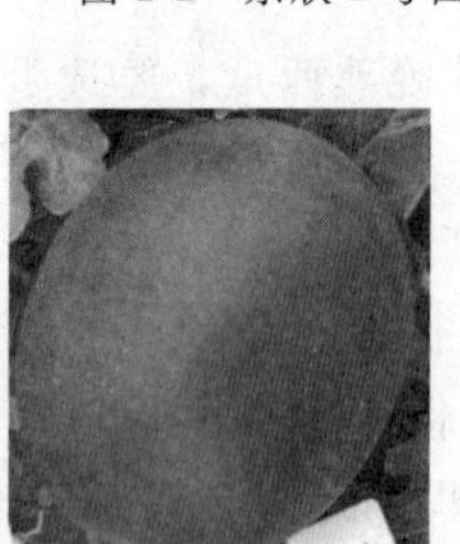

图2-3 黑蜜西瓜

图2-4 8424西瓜

2. 天津西瓜优势产区

以春茬大棚、秋茬大棚栽培为主。品种以京欣系列为主。

3. 上海西瓜优势产区

浦东新区、崇明县，以大棚、小拱棚栽培为主，主要品种有8424（见图2-4，见彩图）、8714；小型西瓜以早春红玉、春光等为主；金山区品种以早佳、京欣系列为主；小型西瓜以早春红玉、春光、拿比特、小皇冠为主。

4. 河北西瓜优势产区

阜城县以大棚及小拱棚栽培为主，品种类型以早熟京欣类中型西瓜为主；石家庄新乐市，采用大棚、中小棚西瓜、礼品西瓜吊蔓栽培等多种栽培形式，以早熟品种为主，如京新1号、星研7号、胜欣；衡水市武邑县，主要采用大拱棚栽培，栽培品种以京欣类型为主，如贵妃、京欣2号、特大京欣1号等；保定市清苑县，以日光温室、大中小拱棚栽培为主。主要品种有早熟品种如京欣1号、京欣2号，中晚熟品种如冠龙、西农8号（见图2-5，见彩图）。

5. 辽宁西瓜优势产区

新民市梁山镇采用温室、大中棚、大拱、双拱模式栽培，主要品种有大型西瓜、小型西瓜及无籽西瓜类型，如京欣系列、地雷、万青2008、万青988、万青2009等。

6. 江苏西瓜优势产区

东台以大棚多层覆盖栽培为主，主要品种有京欣2号、8424等中型果和早春红玉、小兰、京阑等小型品种；淮安市盱眙县以大棚、小拱棚栽培为主，主要品种有京欣、8424类型花皮中型西瓜，西农8号类型长椭圆形西瓜，苏蜜类型黑皮西瓜，小兰类型礼品西瓜，早春红玉类型礼品西瓜；新沂市高流镇、双塘镇、时集镇以春

图 2-5　西农 8 号西瓜

大棚多茬栽培为主，品种主要有早佳 8424、台湾小兰、黑美人等；南通市如东县以大棚早春、秋延栽培、小拱棚覆盖栽培为主，品种类型以花皮、圆形大中型的有籽西瓜为主，辅以小面积的无籽西瓜，主要品种有京欣系列、8424 等有籽西瓜品种，豫艺 966、豫艺 926、郑杂新 1 号等无籽西瓜品种；南京市江宁区以大中棚栽培为主，主要品种有小兰、京欣 1 号、早佳等；连云港市东海县以大棚栽培为主，品种以早佳（8424）、京欣系列、麒麟王（黄瓤）以及早春红玉、小蔺为主；大丰市以大中小棚栽培为主，主要品种有 8482、早春红玉、特小凤、京欣系列等；盐城市射阳县以大中棚栽培为主，主要品种有早春红玉、小兰等；徐州市铜山区采用日光温室、大中拱棚、露地栽培，主要品种有京欣 1 号、抗病京欣、特小凤、早春红玉、小兰、抗病新红宝、京秀等。

7. 浙江西瓜优势产区

宁波市鄞州区以毛竹大棚或钢棚爬地长季节栽培，品种以早佳 8424 为主；宁波市慈溪市以小拱棚地膜栽培为主，大棚长季节栽培为辅，主要品种有早佳 8424、小兰等；湖州市长兴县以大棚多批次采收的栽培为主，主要品种有 8424、美都、小兰、早春红玉等；台州温岭市。以毛竹大棚三膜覆盖全程避雨长季节栽培为主，品种以早佳 8424 为主；绍兴上虞市以小拱棚地膜覆盖栽培为主，品种以早佳 8424 为主；衢州市常山县以简易毛竹大棚长季节栽培为主，主要品种有拿比特、早春红玉、蜜童、嘉年华 2 号等。

8. 安徽西瓜优势产区

宿州市砀山县以中小拱棚、日光温室栽培为主，主要品种有京欣系列、8424；阜阳市、宿州市、蚌埠市以小拱棚栽培为主，品种主要以京欣系列、8424系列为主，小型瓜以秀丽、京秀、秀雅、京兰品种为主；肥东县以地膜覆盖加简易小拱棚为主，主要品种有早熟品种如京欣系列、绿宝系列和国甜系列，中熟品种如绿宝8号、国抗8号、绿宝10号、丰抗8号、西农8号，无籽类如皖蜜、无籽2号、郑蜜5号等。

9. 福建西瓜优势产区

长乐市以秋冬茬大棚栽培为主，主要品种有日本黑宝、暑宝系列。福州市连江县以小拱棚栽培为主，主要品种有天王、黑武士、黑翡翠、绿明珠、农友黑宝、翠玲等品种。

10. 山东西瓜优势产区

菏泽市东明县以小拱棚栽培为主，主要品种有花皮西瓜，如京欣、鲁青7号、豫艺早花香等，无籽西瓜如郑抗3号、郑抗5号、台湾新1号；潍坊昌乐县全部棚室栽培，全县已推广无籽、有籽两个系列，红瓤、黄瓤两种类型，大、中、小三种规格的西瓜品种100多个；青州市以拱棚栽培为主，主要品种有京欣系列、早春红玉、新红宝（见图2-6，见彩图）、黑美人、特小凤、新1号无籽西瓜；济宁市泗水县以拱棚早熟栽培为主，主要品种有京欣2号、欣喜2号，其次有黑皮圣达尔、庆红宝、丰收3号等；聊城市以大拱棚下三层覆盖栽培以及中小拱棚双膜覆盖栽培为主，主要品种有京欣、冠农、京抗2号等；临沂市以春三膜大拱棚西瓜栽培为主，主要品种有新疆农人、优秀2号、陕抗、京欣系列等；济南章丘市以大棚、小拱棚栽培为主，主要品种有黄河乡、京欣、京抗1号、蜜童、墨童、红艳、冰激凌等品种。

图2-6 新红宝西瓜

11. 郑州市西瓜优势产区

中牟县以大棚栽培为主，品种多为无籽系列的特大黑蜜5号、D-20、花蜜无籽、密玫无籽、台湾无籽、波罗蜜；有籽品种以日本金丽、金密、一品甘红、京欣系列的京欣、新欣、台湾甜王、新欣2号、超甜王、特大京欣等为主，还有国豫2号、瓜满甜、日本金丽、日本金密、星研7号、黄金宝、黑宝等；安阳市汤阴县以小拱棚双膜覆盖、大棚栽培为主，主要品种有庆发、万青巨宝王、江天龙、绿农12、红蜜龙、京欣等品种。

第五节　棚室西瓜育苗关键技术

西瓜喜温喜光，较耐旱不耐寒，在15℃以下正常的生理机能就会被破坏。因此，冬春季节西瓜育苗的关键是要调节好温度，严格选择好温室及土壤环境，才能在寒冷冬季或早春为日光温室冬春茬、早春茬西瓜栽培，以及春提前西瓜栽培提供幼苗。

一、西瓜设施育苗的意义

西瓜设施育苗可缩短对土地的占用时间，提高土地利用率，从而增加单位面积产量；能便于茬口安排和衔接，使集约化栽培成为现实；还可使成熟期提早，增加早期产量，提高经济效益；同时育苗节约用种，由于幼苗成活率高，育苗栽培比直播栽培可节省1/3的用种量；育苗的秧苗整齐度高，可以做到一次齐苗，定植后生长快，缓苗快。近年来规模化的工厂化育苗发展利于蔬菜产业化生产的实现，减轻瓜农的经济和技术压力，可以节省大量的人力和物力。

二、苗床的选择

我国北方地区根据苗床防寒保温措施不同，将其分为冷床、酿热温床、电热温床、火炕温床等。建造苗床的地址应选择避风向阳、排水良好、近年没有种过瓜类作物、运苗方便的地方建造苗床。苗床的方向，拱形的以南北方向延长为宜，可使床内受光均匀；单斜面苗床，以东西方向延长为宜，斜面向南，提高保温性。

1. 冷床（阳畦）

冷床（阳畦）是最简单的苗床形式，白天利用太阳辐射能提高床温，夜间利用草帘覆盖保温。冷床形式有拱形和单斜面两种。拱形冷床是南方地区最为常见的冷床类型。单斜面冷床，在北方地区最为常见，宽1.2～1.3米，北面筑土墙，高度0.6米，两侧筑向南倾斜的泥墙，床面覆盖玻璃框架，或间隔1米左右架细竹竿1根，覆盖农用薄膜。由于没有其他加温措施，保温措施也较差，床温易随环境温度的变化而变化。为了充分利用日光，床址要选在高燥向阳、无遮挡物的地块（见图2-7）。

图2-7　冷床

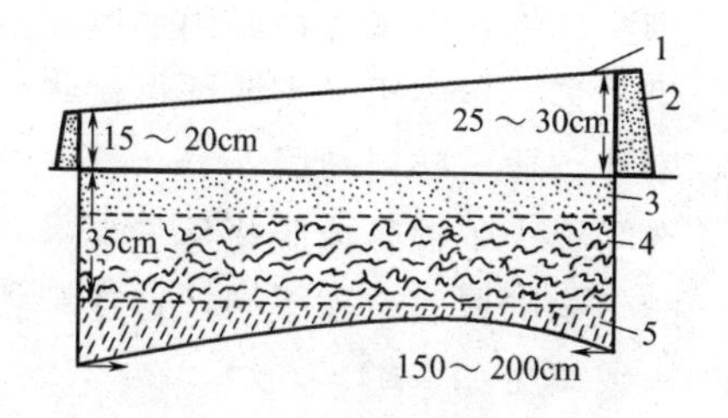

图2-8　酿热温床结构

（引自刘步洲《蔬菜栽培学》，1987）

1—盖窗；2—土框；3—床土；4—酿热物；5—碎草

2. 酿热温床

酿热温床是利用酿热物发酵放出的热量提高床温的温床。酿热温床宜南北纵长与棚室的走势相同，为提高光能利用率，亦可采用中间高、两边按一定的弧度倾斜。酿热物由新鲜骡、马、驴粪（60%～70%）和树叶、杂草和粉碎的秸秆（30%～40%）组成。

骡、马、驴粪中含细菌多，养料丰富，发热快而温度高，但持续的时间短。树叶等发酵慢，但持续的时间长。将这两种酿热物配合起来使用，可取长补短。酿热温床建在温室大棚内，酿热物厚度多为10～15厘米，若建在露地，酿热物厚度要达到30～40厘米。床坑的深度要按照各地的气候、瓜苗的种类、苗龄的长短和酿热物的不同等灵活确定。一般是气温较低、日历苗龄较长、酿热物发热量较小的，床坑要求挖得深些，以便多填充酿热物，提高床温。反之，则可挖浅些。

（1）酿热温床的建造　以温室内建造酿热温床为例，其具体做法是：先挖50厘米左右深的槽床，在床底层铺上4～5厘米的碎麦秸、稻草或树叶并踏实，用作隔热层。每平方米撒0.4～0.5千克的生石灰，再将配好的酿热物填入，铺放酿热物时，应分2～3次填入，每填一次都要踩平踩实。直到酿热的中部厚度达到15～20厘米，四周达到20～30厘米为止。踩时注意马粪的干湿，如果用脚踩，能看出水迹；或用手握，指缝有水挤出，表示水分适量，如果水多，掺些干马类或踩得松些，水少可再洒些温水。然后插入混度计，覆盖塑料薄膜。5～6天后酿热物发酵，温度可达30～60℃，选晴天中午揭开薄膜将床底踩实、整平。由于床底四周低中间高，酿热物的厚度也就不同，这样有利于发热后使温床内土温达到均匀一致（见图2-8）。

发酵酿热物在踩实、整平后一两天之内温度有所回落，这时先在酿热物上盖1厘米的细沙，再撒上一层25%的敌百虫粉，上面铺上15厘米厚预先配制好的营养土。平整床面，使床面比地面低10厘米，就可播种育苗了。

（2）建造酿热温床应注意的问题　垫酿热物的时间，最好在播种前1周左右。若用几种不同的酿热材料或是冷性和热性的有机物，则可以分层搭配填充，以使发热充分和均匀。酿热物一定要新鲜和刚开始发酵的，这样才能产生足够的热量。酿热材料在填充到床坑中时如果加入的水量不够或水分流失，微生物就会停止活动，酿热物就不能继续发热。遇到这种情况，可在床土表面均匀地挖开几处，注入适量的温水到酿热物中，不久便可恢复发热。酿热物只能填至离床坑口 17～22 厘米处，若垫得太满，易散热，保温效果差。若垫得太低，播种、“摘帽”等苗床操作会不方便。

3. 电热温床

通常是在苗床营养土或营养钵下面铺设电热线，通过电热线散热来提高苗床内的土壤和空气温度，以此来保证育苗成功。冬季采用电热温床育苗，易于控制苗床温度，便于操作管理，育苗效果很好（见图 2-9）。

图 2-9 电热温床

（1）电热温床的建造 电热温床可在大棚内建平畦苗床，床宽 1.2～1.5 米，长度据需要而定。在铺设电热线前，首先应根据电热温床总功率和线长计算出布线的间距。

电热线总功率＝单位面积所需功率×加温面积

电热线根数＝电热线总功率÷每根电热线功率

布线行数＝(电热线长度－苗床宽度×2)÷苗床长度

（2）需要材料 控温仪；农用电热线，有 800 瓦、1000 瓦及 1100 瓦等规格；交流接触器，设置在控温仪及加热线之间，以保护控温仪，调控大电流；与之配套的电线、开关、插座、插头和保险丝等。

（3）布线 育苗每平方米所需功率一般为 100～120 瓦。布线行数应为偶数，以使电热线的两个接头位于苗床的一端。由于育苗床基础地温不一致，靠四边的地温较低，中间部位基础地温高，如果均匀铺设电热线，则由于苗床地温不一致，容易造成瓜苗床生长不整齐。因此，不能等距布线，靠近苗床边缘的间距要小，靠近中间的间距要大但平均间距不变。布线前，先从苗床起出 30 厘米的土层，放在苗床的北侧，底部铺层 15 厘米厚的麦糠作为隔热层，摊平踏实。然后在麦糠上铺 2 厘米厚的细土，就可以开始铺电热线。先在苗床两端按间距要求固定好小木桩，从一端开始，将电热线来回绕木桩，使电热线贴到踏实的床土上，每绕一根木桩时，都要把电热线拉紧拉直，使电热线接头都从床的另端引出，以便于连接电源。电热线布完后，接上电源，用电表检查线路是否畅通，有没有故障，没有问题时，再在电热线上撒 1.0～1.5 厘米厚的细土，使线不外露，整平踏实，防止电热线移位，然后再填实营养土或排放营养钵并浇透水，盖好小拱棚，夜间还要加盖草苫，接通电源开始加温。2 天后，当地温升到 20℃以上时播种。

（4）布电热线时应注意的问题　①电热线长度与苗床长度要匹配。苗床应根据电热线规格设置长度，使地热线的接头处在大棚的一端，便于并联，否则电热线的接头可能处于苗床中间，不便操作。②布线时要使电热线在床面上均匀分布，线要互相平行，不能有交叉、重叠、打结或靠近，否则通电后易烧坏绝缘层或烧断电热线。电热线的功率是额定的，不能剪断分段使用，或连接使用，否则会因电阻变化而使电热线温度过高而烧断，或发热不足。将两端引线归于同侧。使用根数较多时，必须将每根的引线分别进行首尾标价。电热线工作电压为 220 伏，在单相电源中有多根电热线时，必须并联，不得串联。苗床内进行各项操作时，首先要切断电源。在电热线铺设过程中操作不规范，或使用未检测的旧线，常引起短路故障。

（5）电热温床在苗床管理上应注意的问题　电热线育苗初期要扣小拱棚保温，播种床盖地膜，保水保温，促进早出苗。播种和出苗前控温 28～32℃，子叶出土后，白天不必加温，夜间土温控制在 15～18℃，真叶出现后外界温度升高，夜间不必再通电。电热线育苗，浇水量要充足，要小水勤灌，控温不控水，否则会因缺水会影响幼苗生长。电热线育苗，若底水浇得过多，管理稍有不慎就可能形成高脚苗，加之早春冷空气活动频繁，极易诱发猝倒病或造成弱苗、僵苗等，要选择一天中棚内温度最低的时间（17～20 时、3～5 时）加温，并充分利用自然光能增温、保温。

4. 温室育苗

温室又可分为加温温室和日光温室。目前我国北方通常采用日光温室育苗。日光温室不用加温设备，只利用阳光提供热量，造价较低。又可在日光温室中搭设小拱棚，在拱棚内铺设地热线，拱棚外覆盖保温被或草苫子，保温增温效果好，使用起来灵活方便，可大大提早播种时间。

5. 工厂化育苗

在人工控制最佳环境条件下，充分、合理地利用自然资源及社会资源，采用科学化、标准化技术措施，运用机械化、自动化手段，使瓜菜秧苗生产达到快速、优质、高产、高效、成批又稳定的生产水平。它是现代化育苗技术发展到较高层次的一种育苗方式。其具有环境因子可控，标准化生产，自动化、商品化高等特点。

三、育苗土的配制

1. 育苗营养土的特点

优良育苗土是成功育苗的基础，要保证西瓜苗期对矿质营养、水分和空气的需求，须具有以下优点：良好的持水性和通透性，这主要是指育苗土的物理特性。育苗土总孔隙度不低于60%，其中大孔隙度20%左右；做到表面干燥时不裂纹，浇水后不板结，保肥保水能力强；不易散坨，育苗土还要适度黏结，在移苗定植时不散坨，散坨会伤害西瓜根系，导致缓苗蔓，宜传染病害，甚至死亡；富含幼苗所需的各种矿质营养，育苗土矿质营养含量充足且全面，特别是西瓜所需速效养分含量足，是培育壮苗的关键，如果营养物不足还要在育苗过程中浇营养液；要有适宜的酸碱度，不含除草剂等有害的化学物质；不含有害的病菌和害虫，育苗土如果含有有害病菌，特别是土传病害会使苗期感病，造成西瓜定植之后病害大范围暴发，比成株期染病具有更大的破坏力。选择田土时要避免使用5年内种过瓜类作物的地块，最好选用草炭土、山皮土或大田土。

2. 西瓜育苗营养土的配制

营养土可用多年未种过瓜类作物的大田土或稻田表土、风化河塘泥、人粪干、厩肥，加适量的磷、钾肥堆制，其配比各地可根据当地土质和材料灵活掌握。最常见的营养土配比有：大田土2/3，腐熟厩肥1/3，每立方营养土中加入尿素0.25千克、过磷酸钙1.0千克、硫酸钾0.5千克，或只加入氮、磷、钾复合肥1.5千克；园土1/2，腐熟厩肥3/10，大粪干1/5，然后每立方营养土再加入尿素0.3千克，过磷酸钙1.5千克；1/3园土，1/3腐熟马粪，1/3稻壳，然后每立方营养土再加入尿素0.25千克、过磷酸钙2千克。过磷酸钙、有机肥要捣碎过筛，充分拌匀后使用（见图2-10）。

上述材料充分搅拌均匀，过筛后用50%多菌灵可湿性粉剂800倍液、40%氧化乐果乳油2000倍液混合喷洒消毒（见图2-11）。将床土装入营养钵内，苗床四周起埂，床内摆放营养钵。

图2-10　配制营养土

图2-11　混合杀菌剂

四、育苗营养钵、穴盘的选择

目前我国生产的营养钵、穴盘多由塑料制成。营养钵为圆形体，一般上口径6～10厘米，高8～12厘米。穴盘长方形，有40厘米×30厘米×5厘米、54厘米×27厘米×5厘米、60厘米×30厘米×5厘米、72厘米×210厘米×7厘米等规格，盘底都设有排水孔。棚栽西瓜宜用营养钵或穴盘育苗，应根据秧苗种类和大小选用。选择口径8～10厘米、高10～12厘米以上的营养钵，或54

孔、72孔穴盘为宜（见图2-12、图2-13）。

图2-12　育苗穴盘

图2-13　育苗营养钵

五、播前种子处理

1. 种子的选择和购买

根据当地生态条件和市场需求选定品种后，对所购种子进行检查和选种。购买时应检查包装是否完好，是否有种子质量标识（纯度、发芽率、净度、含水量）、制种单位、销售单位等。最好在购买时索要购种单据，以备万一种子出现质量问题时有处理凭证。还应注意种子的贮藏时间，西瓜种子在常温条件下贮藏年限为2～3年，最好选购贮藏时间不超过3年的种子。

2. 种子的消毒

西瓜种子是传播西瓜病害的主要载体之一，多种病害都可通过种子带菌进行危害传播。为了杀死种子携带的病菌、虫卵，应对种子进行消毒。种子消毒可采用药剂消毒，也可采用温汤浸种的方法。

（1）晒种　精选过的种子，在阳光下暴晒，每隔2小时左右翻动一次，使种子受光均匀，在阳光下连续晒2～3天。晒种还可增强种子活力，提高种子的发芽势和发芽率。

（2）温汤浸种　将选好晒过的种子，放入55℃左右的温水中边浸种边搅拌，并持续15分钟。当水温降至25～30℃，使其在室温条件下浸种5～6小时，搓去种子表面的胶状物质，冲洗干净

（见图 2-14）。

（3）药剂消毒　用 0.05%的高锰酸钾溶液浸泡种子 10～15 分钟，浸泡过程中不断搅动，可杀灭种子表面的病菌。然后将种子捞出，冲洗干净。或用 50%多菌灵可湿性粉剂 500 倍液浸种 1 小时，然后洗净种子。用 40%福尔马林 100 倍溶液浸泡 10 分钟，对防治枯萎病、炭疽病有一定的效果。用 10%磷酸三钠或 2%氢氧化钠浸泡种子 15～20 分钟，可钝化病毒。药剂消毒必须严格掌握浓度和浸种时间，种子浸入药水前，应先在清水中浸泡 3～4 小时，浸种后一定要用清水冲洗干净种子表面的药液和胶状物质，以免发生药害，影响发芽。

图 2-14　温汤浸种

图 2-15　温箱催芽

3. 种子催芽

浸种可加快种子的吸水速度，缩短发芽和出苗的时间。浸种时间因水温、种子大小、种皮厚度而定。水温高，种子小，种皮薄，浸种时间就短。一般在常温下浸种 6～8 小时为宜；采用温汤浸种，则需 2～4 小时；采用 25～30℃的恒温浸种，以 2 小时为宜。浸种时间过长，水温过高，储藏的营养损失过多，反而影响种子发芽。将浸种冲洗干净用湿布、毛巾、草包包裹，置于 28～30℃条件下催芽，1～2 天后 70%以上的种子胚根长 0.3～0.4 厘米时即可播种。如果有条件可采用恒温培养箱催芽，这是一种方便、可控性强的催芽方式。催芽时把培养箱设置为 28～30℃，接通电源，把湿纱布扑在培养盘上，把种子均匀地撒在湿布上，上面再覆盖湿布，把培养盘放入培养箱，进行催芽（见图 2-15）。催芽时要注意温度不可过高，不要高于 33℃，湿度也不可过大。

六、播种育苗

1. 播种期的确定

播种的适合时间应根据品种、栽培季节、栽培方式以及消费季节等条件来确定，一般在 5 厘米地温达到 15℃以上时才能播种。对无加温设施的苗床，应选择低温天过后再播种，对有加温条件的苗床，可选择低温天播种育苗，低温过后晴天出苗最好。大棚西瓜播种期，东北、西北地区 3 月上、中旬播种，华北地区 2 月中、下旬播种，华东地区 2 月上旬播种。秋茬西瓜一般在 7 月至 8 月上、中旬播种。小拱棚西瓜播种期比塑料大棚晚 20～30 天。采用嫁接栽培时，播种时间在此基础上还要提前 8～10 天。确定适宜播种期的同时，还要确定所需的种子数量。

2. 播种方法

播种选在晴天上午进行，采用点播的方法。播种时在苗床上洒一次温水，待水渗下后，将催好芽的种子播下。每个营养钵或营养土块中央播一粒发芽的种子，种子平放，播完后再覆盖育苗土。播种完毕要及时盖上塑料薄膜，以保温保湿，种子出土后要及时撤膜（见图 2-16、图 2-17）。播种深度以 1.5～2 厘米为好。播种过深，出苗时间延长，严重时发生烂种；播种过浅，出苗快，但容易发生带壳出土的现象。

七、播种后苗床管理

1. 温度

在育苗过程中，控温技术是决定育苗成败的关键技术。在播种

图 2-16 覆盖地膜保湿

图 2-17 电热温床覆盖小拱棚保温

后到出苗前这一时期，阳畦、温室、大棚要适当采取措施保温、增温，并使用温度计随时观测苗床温度变化，使温度维持在 25～30℃，促进快速发芽。有一半以上幼苗发芽出土时要及时去掉覆盖物，并适当降低温度，白天在 22℃左右，夜间在 17℃，要防止温度过高导致“高脚苗”出现。从出苗到破心（第一片真叶微露），幼苗仍然容易徒长，应继续通风降温，控制水分，增强光照。第一片真叶展开后，应适当提高苗床温度，白天 25～28℃，夜间 15～20℃。

2. 湿度

苗床播种前要打足底水，播种后覆盖塑料膜或草苫保持苗床温度，出苗后要及时去掉覆盖物防止湿度过高（冬季用塑料薄膜，夏季用稻草或报纸）。苗床缺水，幼苗生长缓慢，真叶变小，幼苗期延迟；湿度过高又会出现沤根，所以要求根据实际情况灵活掌握。如果夜间温度较高且湿度较大，那么一夜幼苗就会徒长。如果出现温、湿度矛盾的情况要遵循“控温不控水”的原则，在浇水后适当降低苗床温度。

3. 光照

西瓜是典型的喜光作物，幼苗对光照的反应很敏感。光照不足也容易造成幼苗徒长。增加光照的主要措施是及时去除覆盖物，以及保持薄膜的透光度，苗床薄膜应选用透光率高的薄膜，并注意随时清除上面的污染物和水滴等，保持薄膜清洁。值得注意的是在阴雨天气也要揭开覆盖物使幼苗见光。西瓜一般在第二片真叶展开前后就开始进行花芽分化。雌花出现的早晚和比例除由品种的遗传特性所决定外，也受苗期环境条件和管理措施的影响。夜温高时雌花出现的节位高、数量少，夜温较低时度雌花出现的节位低、数量多。因此，西瓜幼苗期的温光调控对植株后期的生长十分重要。

4. 病虫害防治

西瓜苗期病虫害主要有猝倒病、炭疽病、潜叶蝇、蚜虫等。为防病可随浇水加入 75%百菌清 800 倍液，如发生猝倒病或立枯病都可用 72.2%普力克水剂处理。

八、西瓜壮苗标准

壮苗是指生产潜力较大的高质量秧苗。对秧苗群体而言，壮苗应该是植株健壮、抗逆能力强、活力旺盛、发育平衡、生长整齐、无病虫害。苗期处于生育周期的早期，机体活力旺盛，但是不同秧苗之间有一定的差异，特别是根系活力差别明显，老化苗和徒长苗根系活力低。秧苗个体大小是确定壮苗的重要标准，个体大小是指秧苗的生长量，它不仅与机体活力有关，还与器官间的平衡性密切相关。例如，营养生长与生殖生长之间的关系，营养生长容易观察，但是花芽分化及其发育很难直接观察，可通过秧苗生长状态判断花芽分化及其发育情况。

图 2-18　西瓜壮苗

培育壮苗是育苗的核心，西瓜壮苗的标准为：日历苗龄 30～40 天，株高 12 厘米左右，真叶 3～4 叶，茎粗 0.5 厘米，子叶大而完整，根系发达、粗壮（见图 2-18）。

第六节　西瓜嫁接育苗技术

一、西瓜嫁接的意义

西瓜生产普遍受到枯萎病等土传病害的危害，严重时往往造成绝产绝收。随着西瓜栽培的集约化，西瓜产区的连续重茬在所难免，嫁接是目前预防西瓜枯萎病危害的有效手段。用砧木嫁接西瓜，除抗枯萎病等病害外，还可以利用其本身的优良特性，提高西瓜的适应性，促进生长发育，减少肥料施用量，早熟增产，提高经济效益，对保护地西瓜早熟栽培具有重要意义。

二、西瓜嫁接砧木与接穗的选择

砧木与接穗选择适当与否，直接关系到嫁接栽培的成败和经济效益。一般应选当地主栽的产量高、品质好、嫁接效果好的品种作接穗。砧木的选择要慎重，需重点考虑以下几个因素。

1. 砧木与接穗的亲和力

亲和力包括嫁接亲和力和共生亲和力。选择的砧木应与接穗有较高的嫁接亲和力和共生亲和力。一般砧木与接穗亲缘关系越近，亲和力越强。

西瓜与葫芦科其他种类的亲缘关系依次为瓠瓜、冬瓜、南瓜、甜瓜、黄瓜。共砧即利用野生西瓜、饲用西瓜作砧木，具有亲和性好、对西瓜品质无不良影响等特点。但有时会出现抗病性不彻底，前期生长缓慢的现象。

2. 砧木的抗病性与防病类型及病害程度

不同砧木抗病种类、抗病程度有所不同。瓜类砧木中（南瓜、冬瓜、瓠瓜、丝瓜），以南瓜抗枯萎病能力最强，在南瓜中又以黑籽南瓜表现突出。选择砧木时，首先要考虑病害问题，其次要考虑地块的发病程度，若是重茬重病地块，应选高抗砧木；发病轻的非重茬地块，则可选一般砧木，发挥其他方面的优势。

3. 砧木对品质的影响

一般认为葫芦砧对西瓜果实各方面性状影响较小，而南瓜砧木的果实品种较差，商品品质有下降的趋势，而瓠瓜砧、西瓜共砧（以野生抗病西瓜作砧木）不存在以上缺陷。冬瓜砧对品质的影响，尚在研讨中。

4. 接穗情况

砧木应与接穗的抗性互补，如重病地块，种些易感病的、品质优的常规品种，应选高抗砧木，着重控制土传病害的发生；如在少病的非重茬地上种些抗病性较强的接穗品种，选用砧木时，应考虑发挥砧木多方面的优势，如耐低温、耐高温、耐旱、耐盐等。

三、西瓜主要砧木的特点

1. 瓠瓜

果实长圆柱形和短圆柱形，皮色白绿色，根系发达，吸肥能力强。作西瓜嫁接砧木亲和力好，品种间差异小。植株生长健壮，嫁接共生期间很少出现发育不良植株，对果实品质无影响。但耐热耐寒性较差，易引起早衰，有时发生急性凋萎。

2. 南瓜

根系发达，吸收水肥的能力强，抗枯萎病能力强，且耐低温。但是与西瓜亲和力较差，不同品种间差异较大，嫁接期间会不同程度地发生不亲和植株。用南瓜嫁接的西瓜品质会有不同程度的变化。

3. 冬瓜

砧木坐果好，果实整齐，品质好，亲和性和共生性仅次于瓠瓜，品质优于南瓜。但是，其长势和抗病性不如南瓜和瓠瓜。冬瓜砧木抗低温能力较差，不易在北方地区抢早栽培。

4. 西瓜共砧

主要采用野生西瓜做砧木。西瓜砧木与西瓜亲和性好，共生性好，结果稳定，品质好。但是西瓜共砧的抗病性较差，其抗病性能不如其他的砧木种类。

四、常用的西瓜砧木品种

1. 圆葫芦

属大葫芦变种。果实圆形或扁圆形，生长势强，根系深，耐旱性强。适于作高温期西瓜嫁接栽培的砧木。

2. 相生

由日本引进的西瓜专用嫁接砧木，是葫芦的杂交一代。嫁接亲和力强，生长健壮，较耐瘠薄，低温下生长性好，坐果稳定，是适于西瓜早熟栽培的砧木品种。

3. 新土佐

由日本引进，是南瓜中较好的西瓜砧，为印度南瓜与中国南瓜的杂交一代。与西瓜亲和力强，较耐低温，长势强，抗病，早熟，丰产。

4. 超丰 F_1

中国农科院郑州果树研究所培育的西瓜嫁接专用砧木，为葫芦杂交种。杂种优势突出，不仅抗枯萎病、抗重茬，嫁接后地上部生长势强，抗叶部病害，与西瓜亲和力强，共生性好，具有易移栽、耐低温、耐湿、耐热、耐干旱的特点，对西瓜品质无不良影响。

5. 京欣砧1号

北京蔬菜研究中心最新培育的葫芦与瓠瓜的杂交种。嫁接亲和力好，共生亲和力强，高抗西瓜枯萎病，根系发达，下胚轴粗壮，不易徒长，嫁接后地上部生长势强，抗叶部病害，对果实品质影响小。

6. 华砧2号

合肥时华夏西瓜甜瓜研究所育成，是小果型西瓜专用嫁接砧木。果实圆梨形，果大，植株长势旺盛，根系发达，幼苗下胚轴短粗，嫁接成活率高，嫁接后对西瓜品质无不良影响。

7. 丰抗王

为葫芦与瓠瓜的杂交种。生长势强，子叶肥大，根系发达，抗旱耐涝，发苗快，嫁接后对西瓜品质无不良影响。

8. 皖砧1号

为葫芦杂交种。根系发达，对土壤适应性和抗逆能力强，嫁接亲和力好，共生亲和力强，下胚轴粗壮，利于嫁接成活。

9. 皖砧2号

为中国南瓜与印度南瓜的杂交种。根系发达，吸收能力与耐低温能力强。生长势旺，易徒长，适于早春栽培应用或作小型西瓜砧木。

10. 勇士

属杂交一代野生西瓜，具有发达的根系和旺盛的生长势。抗逆性全面，幼苗下胚轴不易空心。用它作西瓜砧木，嫁接亲和力好，共生亲和性强，成活率高。与葫芦、瓠瓜、南瓜等砧木相比，其对品质的影响小。

11. 青研砧木1号

青岛市农科所研制的杂交种。高抗枯萎病，与西瓜有较好的嫁接亲和性和共生亲和性。该砧木较耐低温，嫁接苗定植后前期生长快，蔓长和叶片数较多，有较好的低温伸长性和低温坐果性，有促进生长、提高产量的效果，对西瓜品质无影响。该砧木是一个优良的西瓜嫁接砧木。

12. 庆发西瓜砧木1号

大庆市庆农西瓜研究所最新选育的优良西瓜砧木。与西瓜嫁接亲和力好，共生亲和力强，嫁接成活率高。植株生长势强，根系发达。嫁接幼苗在低温下生长快，坐果早而稳；高抗枯萎病，耐重茬，叶部病害也明显减轻。该砧木根系发达、生长旺盛、吸肥力强。

13. 砧王

淄博市农业科学研究所蔬菜研究中心选育而成的南瓜杂交种，经过多年推广应用，表现为亲和力强、对枯萎病免疫、早熟、丰产。砧木发芽率95%以上，出苗整齐一致，克服了葫芦发芽率低、出苗不整齐的缺点。其下胚轴粗壮，十分有利于嫁接。耐低温能力明显强于葫芦砧木，前期生长速度快，因此特别适合作西瓜保护地栽培及露地早熟栽培的砧木。

14. 圣砧2号

由美国引进的西瓜专用砧木，葫芦杂交种，高抗枯萎病、炭疽病和根结线虫病，与西瓜亲和力高，共生性好，克服了由其他砧木带来的皮厚、瓜形不正、变味等缺点，对西瓜品质无不良影响。

15. 圣奥力克

由美国引进的西瓜专用砧木，为野生西瓜的杂交种，与西瓜亲和力高，共生性好，抗枯萎病、炭疽病，耐低温弱光，耐瘠薄，对西瓜品质无不良影响。

五、砧木和接穗苗的培育

1. 砧木、接穗用种量的确定

确定砧木、接穗的用种量，应在常规育苗用种量的基础上考虑嫁接苗的成活率，而嫁接苗的成活率与嫁接技术水平、砧穗亲和力及嫁接后的育苗环境管理水平有关。一般嫁接育苗用种量比常规育苗用种量增加20%～30%。

2. 砧木和接穗适期播种

根据当地的气候特点及市场需求确定播期。砧木和接穗的播种期应因嫁接方法和选用砧木品种不同而异。砧木和接穗的播种育苗：砧木应比接穗先播种。瓠子或葫芦作砧木，采用顶插接法时，先播种7～10天，或在砧木顶土出苗时播接穗。如用南瓜作砧木，南瓜比瓠子和葫芦发芽快，苗期生长也较快，接穗的播种期距砧木的播种期应近些。不论用瓠子、葫芦还是南瓜作砧木，均以砧木第一真叶露头、接穗子叶尚未平展时为嫁接的最适时期。

播种应选晴天上午进行。如天气不好，可将瓜芽在5℃低温条件下存放。播种时，先将苗畦灌水，砧木苗床以水浸透营养钵内营养土为宜。砧木苗宜采用营养钵培育。用营养钵培育砧木苗，是为了保证砧木苗根系完整，减少移植伤根，有利于快速缓苗。砧木根系发达，一般采用10厘米×10厘米营养钵育苗，每钵1粒种子。砧木种子较大，覆1.5厘米的厚营养土。接穗不用营养钵育苗，而是采用密集撒播法将种子播于苗床。用营养土做畦，畦面要平整；

播种前浇透水，播种时种子间距 2 厘米左右，种子平放，覆盖营养土 1 厘米左右，之后用地膜分别将西瓜和砧木苗床覆盖严实。寒冷季节应苗床设在大棚或温室内，播种完毕，还可搭拱架盖薄膜，四周封严保温。

3. 砧木苗期的管理

出苗期保持苗床高温，促使及时发芽出苗。苗床温度保持在 28～30℃，地温保持在 18～22℃，夜温保持在 18℃左右。2 天后子叶顶土，出苗率达到 80%时及时揭去地膜，并适当降温，温度白天保持在 25℃，夜间保持在 15℃，严防徒长。瓜苗出土后采取白天及时揭掉草苫、附加薄膜等保温措施，苗床光照在 12 小时左右，如果遭遇连阴天，要用日光灯或普通灯泡对苗床进行人工补充光照，每天补光 8 小时以上。嫁接前不再浇水，出苗后苗床土不干不浇水，苗床干燥时可少量浇水，使地面保持半干半湿以维持幼苗长势。

六、嫁接方法

我国目前主要采用的嫁接方法有插接法和靠接法。

1. 插接法

与靠接法相比，插接法工序少，不需断根，是西瓜嫁接普遍采用的方法，但对湿度和光照要求较严格，缓苗期长一些，且育苗风险较大。

砧木嫁接的最佳时期是真叶出现到刚展开这一时期，过晚则子叶下胚轴出现空洞影响成活率。西瓜接穗的适宜时期是子叶平展期。因此，采用插接法时接穗比砧木晚播 7～10 天，一般在砧木出苗后接穗浸种催芽。嫁接前要进行蹲苗处理。嫁接时去掉砧木真叶，用与接穗下胚轴粗细相同、尖端削成楔形的竹签，在砧木上方向下斜插入砧木当中，切成 0.5～1 厘米的孔，以不划破外表皮、隐约可见竹签为宜。随即用刀片将接穗切成两面平滑的楔形，插入

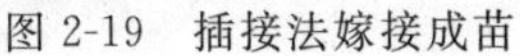

图 2-19 插接法嫁接成苗

图 2-20 靠接法嫁接成苗

砧木切孔当中，接穗子叶要和砧木子叶呈十字形。在切削接穗和插入接穗过程中，动作要快、稳而准（见图 2-19）。嫁接作业环境要遮阴、背风、干净、空气温和湿润，并应临近苗床。每接完一株苗后，立即向营养钵内灌透水，轻轻放到有塑料棚覆盖、棚上遮阴的电热苗床内。一个苗床摆满后，即将苗床棚膜压严，通电升温到适宜温度。为保持棚内湿度，可向苗床内畦面喷水。

2. 靠接法

此方法操作简便，容易管理，成活率相对较高，但接痕明显。靠接法要求砧木和接穗大小相近，由于砧木一般发芽出苗较慢，故接穗应比砧木晚播 5～10 天。

从苗床起出砧木苗和接穗苗，用刀片除去砧木生长点，从砧木子叶下尽可能靠近生长点处呈 45°由上向下斜切，深度达到茎粗的 2/5～1/2；接穗在子叶下 1 厘米处以同样的角度由下向上斜切（深度达到茎粗的 1/2～2/3），将接穗切口嵌插入砧木茎的切口，使两者切口紧密结合在一起，用嫁接夹固定接口。接穗子叶略高于砧木子叶，并呈十字交叉，一同栽入营养钵中（注意砧木和接穗根部分开一定距离，以便断根，接口与地面保持 3 厘米，防止土壤中的病毒侵染伤口）。经 7～10 天伤口愈合成活后，将接穗的根切断（见图 2-20，见彩图）。

3. 大芽大砧嫁接

大芽大砧嫁接是近年来出现的一种新的西瓜嫁接法，嫁接方法同插接，只是在砧木2片真叶1心、接穗2片子叶刚展开时嫁接。这种方法嫁接成活率高，克服了普通插接法由于葫芦幼茎空心，接时易裂开或接后西瓜易在葫芦茎内扎根的缺点。这种方法延长了砧木苗龄，使嫁接适期拉长。操作简便，工效高，嫁接成活率高。

大芽大砧嫁接法，砧木比接穗提早播种15～20天，即砧木具有2片真叶时再播接穗。接穗播后7～10天，当砧木2片真叶1心、接穗2片子叶刚展开时嫁接。

七、嫁接苗的管理

嫁接苗接口愈合的好坏、成活率的高低，以及能否发挥抗病增产的效果，除与砧穗亲和力、嫁接方法和技术熟练程度有关外，与嫁接后的环境条件及管理技术也有直接关系。因此，嫁接后应精心管理，创造良好的环境条件，促进接口愈合，提高嫁接苗的成活率。

（1）嫁接后的前3天时间是形成愈合组织的关键时期，这一时期应备有苇席、草帘、遮阳网等覆盖遮光物。若地温低，苗床还应铺设地热线，以提高地温。棚内空气相对湿度要达到98%以上，以棚膜内侧能见到露珠为标准。采取的措施是嫁接后立即向苗钵内浇水，并移入空气湿度接近饱和状态的小拱棚内，并向拱棚内喷雾，然后密闭拱棚，以后每天向棚内喷雾2～3次，以便保持棚内湿度。苗床温度白天应控制在25～28℃，夜间控制在20～22℃，白天最高温度不要超过30℃。温度过高或过低，均不利于接口愈合，并影响成活率。嫁接苗前3天要遮住全部阳光，遮光实质上是为了防止高温和保持苗床湿度，但要保持小拱棚内有散射亮光，让苗接受弱光，避免葫芦砧木因光饥饿而黄化，继而引起病害的发生（见图2-21）。

（2）嫁接后的3～10天这段时间，封闭3天后愈合组织生成，但嫁接苗还比较弱，可在早上和傍晚除去覆盖物，使嫁接苗接受弱光和散射光（半小时左右），以后逐渐增加光照时间，10天后完全撤去覆盖物；同时早晚进行通风换气，控制湿度；白天温度保持在

图 2-21 嫁接后覆盖薄膜和遮阳网保湿遮光

25℃左右，夜间 18℃左右为宜。

（3）嫁接 10 天后嫁接苗基本成活，恢复常规育苗的温度管理。此阶段是培育壮苗的关键时刻，应注意随时检查和去掉砧木上萌生的新芽，以防影响接穗生长，这项工作在嫁接 5～7 天后进行，除萌时不要切断砧木的子叶。采用靠接法嫁接苗成活后，需对接穗及时断根，使其完全依靠砧木生长。断根时间在嫁接后 10～12 天。方法是在接口下适当位置用刀片和小剪刀将接穗下胚轴切断和剪断，断根后应适当提高温度，加大湿度，并注意遮光，防止接穗萎蔫。

（4）定值前 1 周左右进行低温炼苗，逐渐增加通风，降低苗床温度，以提高嫁接苗的抗逆性，使其定植后易成活。白天温度保持在 20℃左右，夜间温度 13℃左右。

第七节 棚室田间管理关键技术

一、棚室准备

整地前 15 天覆盖好棚膜，覆膜时防雾滴油膜面要朝棚内，压膜线应压紧，并用土将四周压紧，防止漏风。定植前 7 天左右整地施肥，要把细整平瓜地，然后再翻耕 25 厘米深。结合春耕翻地施足底肥，春耕前每亩施有机肥 2000 千克左右、过磷酸钙 50 千克、硫酸钾 30 千克，或施入氮、磷、钾三元复合肥 60 千克。有条件时每亩沟施腐熟饼肥100千克、硼砂0.75千克、锌肥1千克。按长宽(4.5～20)米×3.3米，在宽3.3米的中间处开1条宽0.3米的工作行，一般一个棚内分成2个畦。为防地下害虫可在基肥中混施少量敌百虫晶体。盖好基肥沟，并整成瓜垄，最后覆盖地膜，等待播种或移栽。

二、定植

1. 定植密度的确定

适宜的定植密度对优良品种发挥优质、高产、抗病等潜在优势起着非常大的影响，应根据品种熟性（一般来说早熟品种长势比较弱，中晚熟品种长势中等或长势强)、单株留蔓数、土壤肥力等条件来决定。总的规律是：长势弱的早熟品种、双蔓整枝、土壤肥力差的应该密植；长势中等偏强的中晚熟品种，三蔓、四蔓整枝，土壤肥力高的应适当稀植。一般生产上常用的种植密度为：早熟品种，双蔓整枝，一般肥力地块每亩可栽600～700株；中熟品种，双蔓或三蔓整枝，一般肥力地块每亩500～600株；晚熟品种，三蔓整枝，每亩400～500株；采取多蔓整枝方法的，每亩可稀植到200～300株。

2. 定植方法

当棚内气温稳定于15℃以上时，可开始定植。由于早春气温不稳定，因此在倒春寒经常出现的地区，也可待外界气温稳定于10℃以上时再开始定植。定植方法：定植前1天按株距划出定植穴的中心位置，用打孔器在定植穴的位置打孔挖定植穴。栽苗时应先将定植穴浇满水，将瓜苗带土坨顺水放入定植穴内，待水渗下后，将定植穴用土封住，切忌按压土坨，造成死苗（见图2-22，见彩图)。小拱棚西瓜栽培时外界气温尚低，因此栽苗时一定要选晴好天气，栽苗当天要无风，栽苗速度要快，并做到随栽随盖棚。

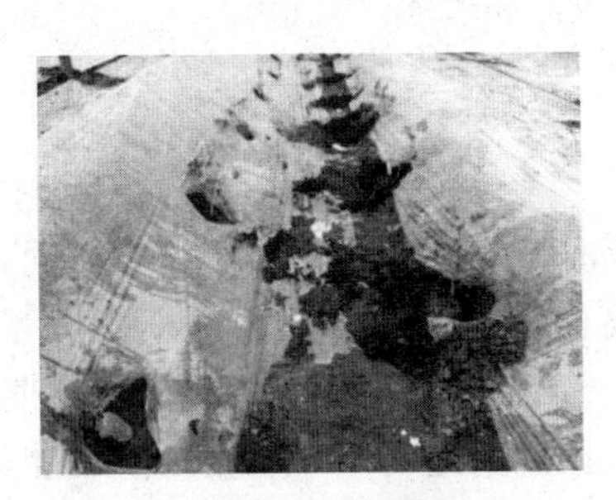

图 2-22　坐水移栽

三、田间管理

1. 水分管理

西瓜栽培条件为气候干热、温差大、日照时间长。西瓜是喜水作物，但耐旱不耐涝，土壤过湿则烂根，只有水分均衡才能优质高产。西瓜生长期分四个阶段：苗期、伸蔓期、结瓜期、成熟期，一般生长期为 110 天左右。需水规律是中期需水较多，前、后期需水较少。对水分最敏感的时期是结瓜期，该期水分的变化对西瓜的产量影响最大。西瓜虽然根系延伸得很深，但主要根系分布在 20 厘米土层以内，苗期灌水湿润层深 10 厘米，伸蔓期为 20 厘米，结瓜期为 30 厘米。结瓜期土壤含水率保持在 70%～80%为宜，苗期为 60%～70%，伸蔓期为 65%～75%，成熟期为 55%～65%。

提倡进行滴水灌溉，合理调控供水量。一般全生育期滴水 9～10 次，滴水量 350～400 米^3/公顷。出苗水要求灌量足，浸透播种带以确保与底墒相接，滴水量为 45 米^3/公顷。出苗后根据土壤墒情蹲苗，在主蔓长至 30～40 厘米时滴水 1 次，滴量为 40 米^3/公顷。开花至果实膨大期共滴水 6 次，每隔 5～7 天滴水 1 次，每次滴水量为 40 米^3/公顷，其中开花坐果期需水量较大，为 45～50 米^3/公顷，膨大期滴水量保持在 50 米^3/公顷。果实成熟期滴水 1 次，为保证西瓜的品质、风味要减少灌水量，根据瓜蔓长势保持在

35～45 米^3/公顷，果实采收前 7～10 天停止滴水。

2. 合理施肥

西瓜不同生育时期对三要素的吸收总量不同，西瓜植株幼苗期的氮、磷、钾吸收总量很少，占全生育期吸收量的 0.54%；伸蔓期茎叶迅速增加，氮、磷、钾吸收量占全生育期吸收量的 15%左右；坐果及果实生长盛期是西瓜一生中干重增加最大的时期，也是三要素吸收的高峰期，对氮、磷、钾的吸收量占全生育期吸收量的 85%。西瓜植株对氮、磷、钾的需求比例以钾最多，氮次之，磷最少。氮、磷、钾的吸收比例为 3∶1∶4。在西瓜植株的不同生育时期对氮、磷、钾需求比例也有所不同。坐果前的伸蔓、开花期，以氮、磷的吸收量较多，坐果期钾的吸收量急增，这与果实中钾的含量较高有关，显示出西瓜作为高钾作物的特点。施肥应注意以下原则。

（1）根据实际情况进行科学施肥　施肥必须根据当地不同季节气候特点和土壤状况施用。施肥还要与灌水结合，以提高肥效。可根据土壤中的含水量和形态，结合植物各生育期对元素的需求量，进行施肥量的计算。

（2）以基肥为主，进行有效追肥　基肥使用量一般可占总施肥量的 50%以上。地下水位高和土壤径流严重的地区要减少基肥施用，防止肥效流失。追肥是基肥的有效补充，可叶面追肥，也可滴灌的同时追肥。

（3）有机肥与化学肥料相结合　增施有机肥是为了改良土壤物理性质，使土地资源真正实现可持续利用，同时也提高蔬菜品质，减少污染。如果忽视了有机肥的施用，单纯施用化肥，会造成土壤中有机质含量降低，土壤结构破坏。但由于有机肥的有效成分较低，肥效比较慢，因此应根据西瓜的不同生育期配合速效化肥的施用，以满足西瓜生长和结果的需要。

（4）根据西瓜的营养特点合理施肥　西瓜一生中除施基肥外，还要进行两次追肥：第一次是在伸蔓始期需肥量开始增加时，应追施速效肥料，促进西瓜的营养生长，保证西瓜丰产所需的发达根系和足够叶面积的形成，这次追肥以氮肥为主，辅以磷、钾肥；第二次是在果实退毛开始进入膨大期时追施速效肥料，以保证西瓜最大需肥期到来时有足够的营养供应，有利于果实产量的提高和品质的改善，此次施肥以钾肥为主，配施氮、磷肥。

通常可结合滴灌施肥，一般采用西瓜滴灌专用肥，施肥量为每亩4～5千克。苗期每亩随水施西瓜营养生长滴灌肥0.5千克，开花期每亩随水施西瓜营养生长滴灌肥0.5千克，坐瓜后每亩随水施西瓜生殖生长滴灌肥0.3千克，共滴5次，成熟期不再滴施肥料。利用滴灌系统施肥时，可以使用专用的施肥装置，也可自制。施肥一般在灌溉开始后和结束前0.5小时进行，导入肥料的孔在不使用时应封闭。

3. 整枝

整枝是除去多余枝条，减少不必要的养分消耗，挺高光和效率，改善通风和透光，增加坐果率和养分向果实的积累（见图2-23，见彩图）。各种整枝方式通常均保留主蔓，分单蔓、双蔓、三蔓、多蔓等几种整枝方法。

（1）单蔓整枝　每株仅保留一条主蔓。将其余侧蔓全部除去，方法简单，单位面积内株数多结瓜多，但单株叶片少，果实不易长大，产量和质量均较低。由于植株生长旺盛，又没有侧蔓备用，因此不易坐果。单蔓整枝的植株雌花少，坐果部位选留的余地有限，主要用于小果形品种和早熟品种。

（2）双蔓整枝　指在主蔓基部选留一个生长健壮的侧蔓与主蔓平行生长，其间距离为30～40厘米。一般主蔓留瓜，主蔓不结瓜也可侧蔓坐瓜。坐果前摘除所有的侧枝，因其叶量和雌花数较多，主、侧蔓均能坐果，果形较大，北方棚室早熟栽培时均普遍应用。

（3）三蔓整枝　指在保留主蔓的基础上再选留两条生长健壮、长势基本一致的侧蔓，其他侧蔓坐果前及时摘除。三蔓整枝叶数和叶面积更大，果形大，雌花多，坐果节选留的机会多，是露地栽培中、晚熟品种常用的整枝方法。

（4）多蔓整枝　主蔓5～6片叶时，对主蔓进行打顶，侧蔓形成后选留3条以上健壮子蔓，向四周及两侧延伸，利用侧蔓结果。此法常在生长势强的品种稀植时应用。

整枝时要注意在晴天进行，浇水后不要立即整枝，防止病害发生；整枝强度应适当以轻整枝为原则，整枝强度过大，会造成植株早衰，影响根系的生长，是造成坐果期凋萎的主要原因之一；整枝要及时，整枝过早会抑制根系生长；整枝过晚，会白白消耗了植株的营养，达不到整枝的目的。当主蔓长40～50厘米、侧蔓约15厘米时开始，以后隔3～5天整枝一次；坐果后一般不再整枝，以使有更多的枝叶为果实生长提供营养。当果实开始迅速膨大时，为防止营养生长过旺，可进行摘心；整枝要与种植密度联系起来。

图2-23 整枝

图2-24 压蔓

4. 压蔓

用泥土或枝条将瓜蔓压住或固定称为压蔓（见图2-24）。当蔓长30厘米时，应进行整蔓，使其分布均匀，并在节上用土块压蔓，促使产生不定根，固定叶蔓，防止相互遮光和被风吹断伤根损叶，以后每隔几节压一次，直至蔓叶长满畦面为止。压蔓的方法分明压、暗压和压阴阳蔓等。

（1）明压法 用泥土或熟料卡夹等将瓜蔓压在畦面上，一般每隔20～30厘米压一次。明压对植株的生长影响较小，因此适用于早熟、生长势较弱的品种。在土质黏重、雨水较多、地下水位高的地区多采用此法。

（2）暗压法 就是连续将一定长度的瓜蔓压入土中。方法是用瓜铲先将压蔓的地面松土拍平，然后挖深8～10厘米、宽3～5厘米的小沟，将蔓理顺、拉直，埋入土中，只露出生长点和叶片，并覆土拍实。暗压对生长势旺、容易徒长的品种效果较好，但较费工，且对压蔓技术要求较高。

（3）压阴阳蔓法 将瓜蔓每隔一段埋入土中一段。用瓜铲开深6～8厘米、宽3～5厘米的小沟，将蔓理顺、拉直，埋入土中，只露出生长点和叶片。每隔30～40厘米压一次。在平原低洼沙地西瓜栽培，压阴阳蔓较好。

注意在坐果节位雌花出现前后2节不宜压蔓，以免损伤幼果，影响坐瓜；不能压住叶片，以免减少同化面积；瓜蔓应分布均匀，以充分利用空间，当蔓叶多时，只要把生长点引向空处，接近畦沟时应回转，不必翻动茎叶，减少茎叶损伤；无论采用哪种压法，都应根据植株的长势来确定。长势强的应重压、勤压，长势弱的应轻压、少压。

5. 人工辅助授粉

西瓜是依靠昆虫作媒介的异花授粉作物，在阴雨天气或昆虫活动较少时，就会影响花粉传播而不易坐果。为了提高坐果率和实现理想节位坐果留瓜，应进行人工辅助授粉。

授粉时应当选择主蔓和侧蔓上发育良好的雌花，其花蕾柄粗、子房肥大、外形正常、颜色嫩绿而有光泽的花，授粉后容易坐果并长成优质大瓜，而侧蔓上的雌花可作留瓜的后备。西瓜的花在清晨5～6时开始松动，8～10时生理活动最旺盛，是最佳授粉时间。阴天授粉时间因开花晚而推迟到9～11时。授粉时选用当天开放且正散粉的新鲜雄花，将花瓣向花柄方向用手捏住，然后将雄花的雄蕊对准雌花的柱头，轻轻蘸几下即可（见图2-25）。一朵雄花可授2～3朵雌花。

6. 果实管理

为获得果形周正、色泽鲜艳的优质商品瓜，必须在选果定瓜以后加强对幼瓜的精细管理。护理措施有护瓜、垫瓜、翻瓜、盖瓜等。

图 2-25 人工辅助授粉

（1）护瓜 从雌花开放到坐果前后，子房和幼瓜表皮组织十分娇嫩，易受风吹、虫咬及机械损害，此时应用纸袋、塑料袋等将幼瓜遮盖起来，称护瓜。

（2）放松坐果节位瓜蔓 幼果长到拳头大小，要将幼果后瓜蔓上的土块去掉或将压入土中的瓜蔓提出，使瓜蔓放松以促进果实膨大。

（3）翻瓜 为了使果实色泽均匀，含糖量均匀，有较好的商品性，一般在采收前10～15天进行翻瓜。翻瓜应在下午太阳偏西时进行，因早晨瓜秧含水多，质脆，果柄和茎蔓容易折断。若遇阴雨天还应增加翻瓜的次数。翻瓜时要顺着一个方向翻转。每一次转动的角度不宜过大，一般不要超过30°，切勿用力过猛。

（4）垫瓜 西瓜果实接触地面部位容易感染病害，并易被黄守瓜幼虫等为害，因此应在果实下面垫上草圈等隔水物，以防地面过湿而发生烂瓜。

（5）盖瓜 为防高温日晒而引起瓜皮发老、果肉变质要进行盖瓜，方法是利用各种遮阴物对接近成熟的果实进行适当遮盖。

四、采收

1. 判断西瓜的成熟度

（1）根据所用品种的特性进行判断 早熟品种雌花开放至成熟

需 28～30 天，中熟品种雌花开放至成熟需 31～40 天，而晚熟品种雌花开放至成熟需 40 天以上。

(2) 根据果实的性状进行判断　果面花纹清晰，表面色泽由暗变亮，不同品种果实成熟时显示该品种固有的色泽，以手触摸手感光滑，果脐向内凹陷，果蒂处略有收缩，是西瓜成熟的标志。

(3) 根据果柄及卷须形态进行判断　果柄上茸毛稀疏或脱落，坐果节位的卷须枯焦 1/2 以上的为果实成熟的标志。

(4) 根据果皮弹性进行判断　成熟瓜用手指压脐部会感到有弹力。以手拍打果实，发出浊音的为熟瓜，发出清脆音的则为生瓜，发出沙哑声音的为过熟空心瓜。

2. 西瓜采收时的注意事项

要根据品种特性和市场情况进行采收。对采收成熟度要求不严的品种，可适当提早采收上市，提高经济效益。对采收成熟度要求严格的品种，提前采收会严重影响果实的品质，必须采摘充分成熟的果实，发挥其品种在品质方面的优势。在当地市场销售的商品瓜应九成熟时采收，以保证品质风味，外地运销的商品瓜则应根据路程远近和运输的设备而定，运程在 5～7 天的可采摘 7～8 成熟的瓜，运程在 3～5 天内的可采摘 8～9 成熟的瓜。采收西瓜应选择晴天上午进行，避免在烈日下进行。因为在晴热的天气下果面温度很高，清早采收果面温度低，有利于贮藏运输。雨后不宜采收，因果面沾上泥浆后，在贮运过程中容易发生炭疽病，影响贮运销售。采收时要保留一段瓜柄，以防止病菌侵入，并可便于消费者根据瓜柄新鲜程度判断西瓜采收时间。需贮藏的西瓜，采收时应保留坐瓜节位前后各一节的果实。

五、提高产量和品质

1. 促进雌花分化

较低的温度有利于西瓜花芽分化，增加雌花的比例。由于不同播种时期苗期所处的温度不同，播种时期对雌花着生节位的影响实际上是温度高低的效应。日照长短影响西瓜的花芽分化，短日照有利于雌花的形成，主要表现为雌花节位降低，雌花数增加。土壤湿度和空气含水量明显影响西瓜的花芽分化，较高的空气湿度有利于雌花的形成，可降低雌花着生节位，增加雌花数，提高雌雄花比例。适宜的土壤水分状况，有利西瓜花芽分化和雌花形成，土壤水分不足能使雄花分化和形成，雄花数量增多，而降低雌花质量；若水分过多则易引起秧苗徒长，花芽分化延迟，尤其是推迟雄花的形成，并易引起落花落果。西瓜营养充足时有利于雌花的分化，营养不足时雌花分化受到抑制。赤霉素等植物生长调节剂对瓜类作物的生理代谢及体内激素水平影响较大，可影响雌雄花性别和雌雄比例，因此可用于控制西瓜的性别。赤霉素有促进雄花发生和抑制雌花发生的作用。

2. 促进果实发育

果实发育受到以下因素的影响，栽培中应采取合理的方法促进果实发育。

（1）授粉状况　授粉受精充分、种子数量较多的果实，一般发育较好；若授粉不匀或偏斜授粉，则容易形成畸形果实。

（2）雌花的质量　西瓜雌花的质量和子房的大小，直接影响果实的发育和西瓜的产量。充实肥大的雌花，若后期管理得当往往发育成大果；而子房瘦小或发育不充实的雌花所结的果一般较小；畸形花不但坐果率低，而且易发育成畸形果。

（3）源库关系　一般来讲长势旺盛的植株同化能力强，制造的营养物质多，西瓜产量高。但是长势过旺坐果率降低，即使坐住果其果实的重量也较轻，营养生长占用了过多的营养物质，生殖生长养分不足。应保持适宜的叶、果比例，使秧果协调生长。应根据品种属性和果型大小确定留蔓数，及时整枝打杈和摘心，减少营养损耗，人为调节营养流向，防止疯秧、坠秧，使营养物质集中供给果实发育需要。

（4）功能叶的数量　每片叶从出现到长大再到衰老有以下规

律：幼叶同化能力弱，主要消耗营养物质供自身长大，不能输出营养。随着叶片长大，合成的营养物质增加，净同化率增加（输出能力增强），25天左右叶面积不再增大，30天左右净同化率达到最高，这时叶片输出的营养物最多，贡献最大，为壮龄叶。35天以后净同化率开始下降。肥水管理良好，无病害，可延迟叶片衰老。45天以后的叶片为衰老叶，可及时摘除。因此，西瓜生长中应选择第2～3雌花留果。为确保果实能正常发育，每个果实应保持40枚左右的功能叶，功能叶多，果实发育往往充实且肉质、甜度和色泽均佳；功能叶不足，则难于发挥品种的固有特性，一般果形较小。

3. 提高坐果率

西瓜理想的坐瓜节位，应根据栽培季节、栽培方式、不同品种及发育等综合权衡而定。一般留第2、第3朵雌花结瓜。早熟品种可预留第1～3朵雌花，瓜坐住后，按“二、一、三”的顺序择优留一个瓜。中晚熟品种可预留第2～4朵雌花，瓜坐住后按“三、二、四”的顺序选留一个瓜。如果主蔓上的瓜没坐住，在侧蔓上也应按这个顺序留瓜，每株留1个瓜为宜。

为控制植株营养生长过旺以免影响坐瓜，保证丰产稳产，生产上为提高坐果率常采用以下措施。

（1）选择易坐果的品种　这类品种的植株长势中等或偏弱，坐果性强，对环境温度、光照和肥水条件反应不很敏感，有利于提高坐果率。

（2）合理施肥　控制氮肥使用，合理使用磷、钾肥，防止植株徒长。

（3）整枝压蔓　调控植株生长，促进坐果。

（4）进行人工授粉　人工辅助授粉可有效地提高西瓜的坐果率。

（5）使用坐瓜灵　保护地栽培或遇异常气候条件或肥水管理不当，造成植株生长过旺影响坐瓜时，可选用坐瓜灵处理。

4. 提高西瓜糖分的措施

（1）选用优良品种　由于各种糖甜度指数不同，故不同糖分的不同比例组合也会导致西瓜甜度不同。因此，在选择品种时，除注意选择总糖含量较高的品种外，还应注意选择果糖、蔗糖所占比例较大的品种。

（2）昼夜温差大的地区或沙土地种瓜　在昼夜温差大的条件下，白天温度高，制造的光合产物积累。所以，在我国东北地区或沙土地、山地这些昼夜温差大的地区种的西瓜质优味甜。

（3）科学安排播期　合理安排西瓜的播种期，使西瓜的果实膨大期处于昼夜温差大的季节。例如东北地区，可以把果实膨大期安排在6～7月。

（4）采用保护设施　可采用各种形式的薄膜覆盖，使西瓜提早种植，避开雨季，防止采收时雨水过多而降低西瓜含糖量。

（5）合理施肥浇水　要重施底肥，注重有机肥使用。追肥时避免单独使用氮肥，增施磷、钾肥，采收前控制浇水。

（6）延缓植株衰老　在栽培管理上加强植株管理，始终保持植株正常的生长势，尤其应加强中后期的管理，延缓植株衰老，保护好功能叶片，以保证果实生长发育所需的养分供应。

（7）适时采收　成熟适度的果实含糖量高、品质好，欠熟、过熟的果实含糖量低、品质差。应根据市场远近来确定西瓜采收的适宜成熟度，确保西瓜优良品质。

5. 留2个瓜的方法

西瓜留2个瓜有两种方法：一种是同时留瓜法，即在同一单株生长健壮、长势相当的两条蔓上同时选留2个瓜。这种方法适合株距较大、品种结瓜能力强、长势旺、三蔓或多蔓整枝、肥水供应充足的栽培方式。另一种为错时留瓜法，即在一株西瓜上分两次选留2个瓜。本法适用于株距较小、密度较大、双蔓式整枝、肥水条件中等的情况。其技术要点是：整枝时保留主蔓，在主蔓上选留1个瓜，当主蔓的瓜成熟前10～15天再在健壮的侧蔓上选留1个瓜。

6. 西瓜不坐果的原因

① 肥水管理不当。坐果期水分供应不足，或是土壤含水量过大易造成落花或化瓜。氮肥施用量过大，磷、钾肥不足时，很容易使植株徒长，降低坐瓜率。

② 植株生长衰弱。由于营养供应不足或是病害导致植株生长瘦弱，不能为生殖生长提供充足的养分，引起降低坐瓜率。

③ 植株生长过旺（徒长）。营养生长过旺，果实竞争不过枝叶，导致化瓜。

④ 开花期遇低温。西瓜开花期间，如果气温较低，导致花芽分化受到抑制，也会降低坐瓜率。

⑤ 开花期遇阴雨天。西瓜开花期遇阴雨天，影响了西瓜正常授粉，这时必须进行人工辅助授粉。

⑥ 风害和日灼。

第八节　小西瓜栽培技术

一、小西瓜的生育特点

小型西瓜又称小西瓜、迷你西瓜，是普通食用西瓜中瓜形较小的一类，一般单瓜重在1～2千克，具有外形美观、早熟皮薄、瓤质细嫩、汁多味甜、携带方便等优点，深受消费者青睐。近年来，随着我国人们生活水平的不断提高和消费习惯的改变、设施栽培生产和旅游业的兴起，小型西瓜已成为各地发展高效农业的重要项目之一。与普通西瓜相比，小西瓜在生长发育上有以下特点。

1. 幼苗弱，前期长势较差，后期易徒长

小型西瓜种子小，种子贮藏的养分较少，子叶小，下胚轴细，长势较弱，出土力弱，对早播或定植较早、低温、寡照等不利环境因素敏感，进而导致雌花、雄花发育不完全，从而难于进行正常的授粉受精，影响植株坐果和果实发育。

2. 瓜形小，果实发育周期短

小型西瓜的果形小，果实生育周期较短，一般在25～30℃的适宜温度下，小型西瓜从授粉到成熟只需20天左右，较普通西瓜早熟1周左右。小型西瓜在早熟栽培条件下，所需天数因环境内的温度状况不同而不同，日光温室栽培小型西瓜头茬瓜在4月下旬以前成熟采收的，其结果期需30～35天；5月上、中旬成熟的，需25～30天；在6月上旬成熟的，只需20～23天。从果实发育的积温来看，圆果形品种为600℃，长果形品种为700～750℃。

3. 对肥料反应敏感

小型西瓜营养生长状况与施肥量多少关系密切，对氮肥的反应尤为敏感，氮肥用量过多易引起植株营养生长过旺而影响坐果。因此，在施肥时，基肥的用量应较普通西瓜减少30%，而采用嫁接育苗时，可减少50%左右。由于瓜形小，养分输入的容量小，故常采用多蔓多瓜栽培，而对果实个头大小影响不大。

4. 结果周期不明显

小型西瓜的结果周期性不像普通西瓜那样明显。小型西瓜因自身生长特性和不良栽培条件的双重影响，前期生长差，如过早坐果，因受同化面积即光合叶面积的限制，瓜个很小，而且易发生坠秧，严重影响植株的营养生长。随着生育期的推进和气温条件的改善，植株长势得到恢复，如不能及时坐果，较易引起徒长。所以在栽培上，生长前期一方面要避免营养生长过弱，另一方面应促进生殖生长，使之适时坐果，防止徒长。植株正常坐果后，因果实小，果实发育周期短，对植株自身营养生长影响不大。因此，可多蔓多瓜、多茬次栽培。

二、小西瓜栽培技术要点

小型西瓜栽培应根据其生长发育特点，采取相应的栽培技术措施，才能获得优质高产高效益。

1. 精选优良品种

小型西瓜与大型西瓜相比，品种类型较丰富。常见的栽培品种主要有黄皮红肉型、黄皮黄肉型、绿皮黄肉型、绿皮红肉型、黑皮黄肉型、黑皮红肉型、花皮黄肉型、花皮红肉型等类型。早熟栽培上，应选择红小玉、黄小玉 H、秀丽、佳人等圆果形品种。地处大城市郊区，可选择品质极佳的特小凤、早春红玉、金福、小兰等品种。需远距离运输的，应选择黑美人、黑小宝、小天使、花仙子等耐贮运的品种。

2. 错季栽培

小型西瓜栽培应根据棚室条件、气候环境和当地种植、销售习惯进行提早或延迟栽培，以避开西瓜集中上市的高峰，或者分批种植、分批供应市场。除利用大棚温室进行特早熟栽培外，还可安排夏秋西瓜栽培，效益也较好。夏西瓜栽培安排在 8 月 1 日后上市最好；秋西瓜要安排在中秋、国庆佳节前上市。

3. 栽培方式

小果型西瓜常见有 4 种栽培方式。

（1）地膜覆盖栽培　常用的薄膜类型主要有白色地膜、黑色地膜、银灰色地膜、银黑双色地膜 4 种类型。

（2）早春地膜加小（中）拱棚双膜覆盖提早栽培　根据其拱棚大小和覆盖时间长短，又可分为小拱棚半覆盖栽培和中拱棚全覆盖栽培。

（3）立体栽培　是小西瓜生产中相对于常规爬地栽培的另一种

常见栽培方式。

（4）再生栽培　小型西瓜再生栽培主要有两种方式：一种是二次授粉留果栽培；另一种是割蔓再生栽培。

4. 苗期管理

小型西瓜的育苗方法与普通西瓜的育苗方法基本相似，但小型西瓜种子出苗慢，前期生长弱，抗逆性较差。由于小型西瓜开花初期雄花的花粉少，为了促进坐瓜，最好种植一小部分普通的早熟西瓜（雄花一定要早）作为授粉品种。

5. 定植

小型西瓜种植密度因栽培方式和整枝方法不同而异。地爬栽培时，采用双蔓整枝，一般每亩种植800～1000株；采用三蔓整枝，每亩种植600株左右；采用四蔓整枝时，每亩种植450株左右，采用吊蔓栽培，每亩可种植2000株以上。但近年来随着栽培技术的不断完善，有减少单株、增加蔓数的趋势，这样更符合小型西瓜的生长和结瓜特性，同时也节省种子。

6. 整枝、疏果和压蔓

小型西瓜分枝力强，雌花出现早，结果力强，果实发育对植株的营养生长影响不大，结果周期不明显，整枝方式可采用主蔓摘心的方式。幼苗5片真叶时摘心，双蔓整枝时，选留两条健壮整齐的子蔓，其余全部去除。坐瓜后，在坐瓜节位以上留10～15片叶去顶。采用立架栽培双蔓整枝时，藤蔓满架时才打两子蔓的顶。爬地栽培时必须对子蔓进行盘蔓，盘蔓间的距离保持在15～20厘米为宜。一般地爬式栽培多采用多蔓整枝，当幼苗长到6叶期主蔓摘心，选留2～5个长势一致的子蔓同步留瓜（第2～3雌花），其余子蔓摘除。幼瓜脱毛后每条子蔓选留1～2个健壮的瓜留下，其余摘除。第一批瓜基本定个后，再选留二次瓜。小型西瓜压蔓宜采用明压。大棚、中棚栽培时，一般不会受到风害，压蔓的主要目的是使瓜蔓在田间分布均匀。

7. 肥水管理

小型西瓜瓜皮很薄，浇水不当容易造成裂瓜。水分管理时切忌过分干旱后突然浇大水，引起土壤水分的急剧变化而加重裂瓜，应保持土壤水分持续而稳定的供应。小型西瓜种植密度大，多次结果，多茬采收，要求肥力持久而充足，除适当减少氮素化肥外，应施足基肥和磷、钾肥。头茬瓜采收前原则上不施肥，不浇水。若表现水分不足，应于膨瓜前适当补充水分。在头茬瓜大部分采收后第二茬瓜开始膨大时应进行追肥，以钾、氮肥为主，同时补充部分磷肥，每亩施三元复合肥 50 千克，于根的外围开沟撒施，施后覆土浇水。第二茬瓜大部分采收，第三茬瓜开始膨大时，按前次用量和施肥方法追肥，并适当增加浇水次数。

8. 精心包装，提高经济效益

为避免生瓜上市，授粉时应做好标记。为了提高果品品质，瓜定个后应翻瓜，使瓜面着色均匀，外形美观。为了获取高的销售效益，采后及时贴上标签、套上网袋、分级包装售。适熟采收品质佳，且可减轻植株负担，有利于其后的生长和结果。

第九节　西瓜秋延迟栽培技术

秋延迟栽培是指 7～8 月份播种、10 月份收获上市的西瓜。适当发展西瓜延迟栽培，丰富节日供应，而且通过储藏，还可以延至春节上市，经济效益十分可观。

一、合理施肥浇水

秋延迟栽培的西瓜，生长前期正值高温多雨季节，营养生长旺盛，植株极易徒长。因此，在肥水运用上要特别慎重。苗肥一般不施肥，伸蔓肥也要少施肥或不施肥，膨瓜肥适当多施肥；一般可结合浇水，亩施尿素 7.5～10 千克、硫酸钾 5 千克，以保持植株稳发稳长。后期为防早衰，可用 0.2%尿素或 0.2%～0.3%磷酸二氢钾溶液作根外追肥。秋延迟栽培的西瓜，无论前期还是后期，都要严格控制浇水，雨季还要注意排水防涝。

二、整枝打杈

秋延迟栽培的西瓜，宜采用双蔓整枝，即除主蔓外，在主蔓基部 3～5 节处再选留一条健壮侧蔓，去掉其余侧蔓，并把主蔓和留下的侧蔓引向同一方向。主蔓上的幼瓜坐稳后，保留 10～15 片叶，即可将主蔓生长点摘除，以控制营养生长，促进果实膨大和发育。

三、人工辅助授粉

秋延迟栽培的西瓜雌花发育晚，节位高，间隔大，而且花期阴雨天气多，必须进行人工辅助授粉，以促进坐果。

四、覆盖小拱棚保温

秋季延迟栽培西瓜，进入结果期后环境气温逐渐下降，不利于果实膨大和糖分积累，必须进行覆盖保护。覆盖形式多采用小拱棚覆盖，拱棚高 40～50 厘米，宽 1 米左右。覆盖前，先进行曲蔓，将瓜秧向后盘绕，使其伸蔓长度不超过 1 米，然后在植株前后将两侧插好拱条，上面覆盖薄膜，四周用土压严。覆盖前期晴天上午外界气温达到 25℃以上时，将拱棚背风一侧揭开通风，下午 4 时左右再盖好；覆盖后期只在晴天中午进行小通风，直至昼夜不再通风，以保持较高的温度，促进果实成熟。

第十节　无籽西瓜栽培技术

无籽西瓜是指果实内没有正常发育种子的西瓜。正常情况下，种子在授粉受精之后，子房发育成果实，胚珠发育成种子，珠被发育成种皮，珠心中的合子发育成种胚。若由于种种原因珠心中的卵细胞未受精或胚败育不形成种胚，珠被发育成薄而白嫩的种皮，吃起来和没有种皮一样，而子房发育成了正常的果实。这种不含真正种子，只含白嫩种皮的果实就是无籽西瓜。

无籽西瓜的来源有三条途径：一是激素无籽西瓜；二是染色体易位；三是三倍体无籽、少籽西瓜。三倍体无籽西瓜是以四倍体少籽西瓜为母本，普通二倍体西瓜为父本杂交获得的。由于三倍体染色体组是奇数，不能形成正常的配子，具有高度不孕性。子房在正常花粉刺激下正常结果，而胚珠却不能发育成种子，从而形成无籽西瓜。三倍体无籽西瓜可以通过种子进行生产并具有性状一致的产品，是当前获得无籽西瓜的主要途径，最具有实用价值。

一、我国无籽西瓜主栽品种

全国无籽西瓜栽培面积逐年扩大，产量稳步增加，形成了以湖南邵阳、湖北荆州、河南孟津、湖南岳阳、江西抚州、广西北海、安徽宿州、海南、广西藤县等主产区为代表的无籽西瓜商品生产基地，近些年来，又相继形成了以陕西渭南、河南中牟、山东昌乐等地为代表的大棚无籽西瓜基地，全国无籽西瓜生产面积已经达到10万公顷。目前全国各地区大面积生产的无籽西瓜优良品种有：广西3号和5号无籽西瓜、郑抗无籽1号、郑抗无籽2号、郑抗无籽3号、郑抗无籽5号、黑蜜5号、黄宝石、湘西瓜11号和19号、雪峰花皮无籽、蜜黄无籽、蜜红无籽、小玉红无籽、丰乐无籽1号、丰乐无籽2号、丰乐无籽3号、津蜜20、黑马王子、山东的昌乐无籽及台湾产益农201号无籽西瓜等。从各地无籽西瓜主栽品种可以看出，我国无籽西瓜品种70%以上为黑色果皮品种，其余为花皮无籽西瓜品种。

二、无籽西瓜的特征特性

1. 三倍体无籽西瓜的优点

三倍体无籽西瓜是获得无籽西瓜的主要途径，目前在生产中广泛应用。三倍体无籽西瓜是多倍体水平上的杂交一代，因此它具有两个优势：一是“多倍体优势”；二是“杂种优势”。在生产中具有以下优点。

（1）无籽性　三倍体无籽西瓜高度不孕，自交不能结实，在花粉激素或人工合成激素的刺激下结无籽果实，食用方便。

（2）品质好　三倍体无籽西瓜含糖量一般比普通西瓜高1%～2%，且糖梯度小、均匀、肉质脆、汁液多、无种子，风味好，品质上。

（3）产量高　三倍体无籽西瓜同化作用比二倍体西瓜高25%左右，干物质积累多，特别是具有一株多果和多次结果习性，在温、光、水充足的情况下，每亩产量可达5000千克，比普通西瓜增产1～2倍。

（4）耐热、耐湿和抗病能力强　无籽西瓜蒸腾作用比二倍体高45%，因而耐热性好；根系耐湿能力强，连续降雨7～10天不死秧；对危害西瓜生产的主要土传染病害枯萎病有较强的抵抗能力，对炭疽病和白粉病的抗性也较强。

（5）耐贮运能力强　无籽西瓜不容易发生过熟现象，可在温室下贮藏，避开西瓜的上市高峰期，还可以远运到缺少西瓜的地区出售，价格高，经济效益好，价格可比有籽西瓜高20%～30%。

2. 三倍体无籽西瓜不利于栽培的特性

三倍体无籽西瓜具有优异的商品性状，但也有不利于栽培的一些特性，主要表现为以下几点。

（1）种皮较厚，种胚发育不完全　三倍体无籽西瓜的种子胚发育不完全，胚重仅占种子重的38.5%（二倍体普通西瓜种子胚重占种子重的50%），种胚体积占种壳内腔的60%～70%，同时还有相当比例的畸形胚，如大小胚和折叠胚。种皮较厚，特别是喙部。由于上述原因，三倍体无籽西瓜种子出苗困难，因此育苗的技术性较强。

（2）无籽西瓜雄花花粉粒多为畸形，完全花粉粒极少　无籽西瓜花粉粒不能发芽，更不能发生受精作用。故自花授粉不能产生激素刺激雌花子房膨大，所以种植无籽西瓜时，通常用二倍体有籽西瓜供给花粉，并辅助人工授粉。

（3）幼苗生产较慢，需要较高的温度　三倍体无籽西瓜种胚子叶折叠，出苗后子叶较小，大小不对称，生长对温度的要求较高，因而幼苗生长缓慢。

（4）初期生长较慢，前期秧苗生长较弱　根系发育不良，当幼苗有3～6叶开始伸蔓时生长逐渐转旺，伸蔓的速度和侧蔓的出现均较普通瓜强，表现在叶厚而宽阔、蔓粗壮、生长速度加快。

（5）中后期生长旺盛，坐果率低　无籽西瓜的生长势较强，更易出现徒长现象，易形成三角形和空心果实。无籽西瓜雄花上的花籽败育，因此不能正常授粉，果实开始膨大较慢，授粉4～6天进入迅速膨大期，且较普通西瓜快。坐果后增施肥，及时灌溉，产量显著提高。氮素过多，生长过旺也是形成空心果的主要原因之一。生产中，应根据其生长发育特性，采取相应的措施，以期得到更好的栽培效果。

三、无籽西瓜栽培要点

无籽西瓜是多倍体水平上的杂种一代，生长旺盛，伸蔓以后表现明显的优势，耐病能力强，后期坐果能力强，结果持续的时间也较普通西瓜长，加强后期管理，增产的潜力很大。争取后期结二茬果，果形虽小，但果形好，皮薄，白秕籽少，品质优良，而且是西瓜上市的淡季，市场瓜价较高，效益亦较可观。

1. 破壳催芽，提高发芽率

无籽西瓜种子胚发育不完全，种皮较厚，发芽比较困难，故要进行破壳处理，帮助它发芽，以提高种子发芽率。未经破壳处理的种子发芽率仅20%～30%，而破壳处理的种子发芽率可以提高到80%以上。

2. 浸种与破壳

无籽西瓜浸种时间比普通二倍体西瓜短，温汤浸种后，在30℃温水中浸种1～2小时即可。一般先浸种，再破壳。破壳的方法：将浸好的种子用纱布包住，在清水中搓洗，然后再放在清水中淘洗3～5遍，充分洗去种子表面的黏液及杂物，以利种子发芽，再用干净的干布擦去表面的水分，在室内稍晾一会儿，以手捏种子不光滑为准，然后破壳。破壳可用牙齿嗑开，或者用指甲刀夹开，破口的大小以不超过种子1/3为宜。

3. 催芽

无籽西瓜种子发芽的适宜温度为30～32℃，较普通西瓜催芽温度略高，但不超过35℃；无籽西瓜发芽力弱，湿度大易引起烂籽，因此控制湿度，增加通气条件，是无籽西瓜发芽的关键。催芽时较普通西瓜催芽方法温度要高，湿度要小，在卷布卷时可在拧干的湿布内垫一层干布，然后将种子放在干布上包起来。这样在催芽过程中种子表面出的水分会被干布吸收，种子周围通气不会因水分过多而受影响，种子就不会窒息而死。

4. 提高出苗率

催出芽的种子播种以后，仍有相当数量的种子不能出土，或者出苗很迟，成苗率一般只有60%～70%，这是无籽西瓜育苗上的第二个难关。出苗率和成苗率不高的主要原因是西瓜播种季节气温较低，又经常遇到低温，地温不高，造成出苗困难。可采取以下措施提高出苗率。

（1）增加地温 无籽西瓜发芽出苗要求的温度比普通二倍体西瓜高，因此应注意提高苗床温度，特别是低温季节，应用温床或电热温床提高床温，以促进种子出土成苗。其次可适当延迟播种，如普通西瓜3月20日前后塑料小拱棚播种，而无籽西瓜在4月5日前后播种，则成苗率可显著提高。此外，在苗床管理时，还应适当减少通风量，以防止苗床降温太大。

（2）分次覆土 无籽西瓜幼苗的顶土力弱，根的生长差，因此苗床土要松，播种不宜过深，覆土深度以0.5厘米为宜。浅覆土易导致种壳不易脱落，带帽出土，胚根易裸露，故应适时分多次覆细土，保护根系。带帽出土的幼苗应在清晨人工帮助去壳。摘帽时应先喷些水，使种壳软化后，再用手轻轻地揭开种壳，切勿损伤子叶。

5. 定植及定植后的管理

（1）适当密植 无籽西瓜后期生长势旺，分枝多，坐果节位高，因此，无籽西瓜株行距应稍大，栽植株数应较少。二蔓整枝时株距60厘米，行距1.8～2米；三蔓整枝时行距不变，株距50厘米。二蔓整枝时主蔓4～5叶摘心，选留2条长势相似而健壮的侧蔓。三蔓整枝每亩种植550～600株，二蔓整枝每亩种植650～750株。

（2）促进苗期生长 棚室定植以后的一段时间气温较低，特别是土壤温度低，对秧苗生长很不利。根据无籽西瓜的生长特点，前期应进行以促根、保苗为主的管理。具体措施是选用地势高的沙性土壤栽培，及早翻耕，充分晒垡，局部施用速效的混合肥料，为根系的伸展创造良好的条件。瓜墩应略高于畦面，不使积水沤根。定植后勤中耕、松土，提高地温和增加土壤孔隙，改善通气条件，勤施稀薄人粪尿等速效追肥，加速植株的生长。采用简易小棚覆盖、铺沙或地膜局部覆盖，都有一定的增温、保温作用，效果很好。

（3）控制伸蔓期的生长 无籽西瓜伸蔓以后长势较强，坐果比较困难，因此以控制植株的营养生长、促进坐果为首选，在施肥上减少基肥的施用量，以磷肥和迟效性的土杂肥为主，少用或不用速效性氮肥。促藤肥用量根据植株的生长情况施得少些，避免集中施用造成徒长；另外进行整枝和人工辅助授粉，以抑制植株的营养生长促进坐果。

6. 加强坐果期管理

无籽西瓜中后期生长旺盛，生长由弱转强，开花期应严格控制肥水，防止疯秧发生。控制坐瓜节位，长势强的植株低节位雌花开放时辅助人工授粉，促进低节位先坐果以减弱长势，待理想节位坐果以后，再摘掉低节位的幼果。对生长势弱的摘除低节位的果实，增施肥料，促进蔓的生长，提高坐果节位，以增大果形。无籽西瓜以主蔓第3或第4雌花留果，坐瓜节位低时，不仅果实小，果形不正，瓜皮厚，而且种壳多，并有着色的硬种壳（无籽西瓜的种壳很软，白色），易空心，易裂果。

坐果以后，植株的生长开始由营养生长转变为营养生长和生殖生长并进，已无徒长危险，可重施结果肥，以促进果实的膨大和植株继续生长，增加后期坐果。据观察，三倍体无籽西瓜一条蔓上可同时坐2个果，并能正常膨大，且后期坐果率还较高。可见，加强后期肥水管理对发挥三倍体无籽西瓜后劲有重要意义。总之，无籽西瓜用肥量应比普通西瓜高10%～20%。肥料的种类以速效氮肥和钾肥为主。结果期根系的生长已趋稳定，根系吸收能力开始下降，可以采用根外追肥，以弥补根的吸收不足，可用0.3%～0.5%尿素、0.3%磷酸二氢钾溶液混合酸性杀菌剂、杀虫剂，兼有防病、治虫的效果。

7. 配制授粉品种

无籽西瓜雌、雄花高度不育，自交不实，需用普通二倍体西瓜的花粉刺激雌花子房结果，所以每隔4～5行应种1行普通二倍体西瓜作为授粉品种，若进行人工授粉，可按10∶1或15∶1种植。为使花期相遇，普通二倍体西瓜应晚播5～7天。授粉品种宜选当地主栽的优良品种，其果实形状或果皮颜色花纹应与无籽西瓜有明显差异，以便采收时区别无籽西瓜与有籽西瓜。

四、采收

无籽西瓜从雌花开花到成熟一般需 35 天，较普通西瓜晚成熟 5～7 天。无籽西瓜适时采收甚为重要。若适当早收，仍能保持其糖度和品质，而收获过晚则果实变形，容易空心而使白色秕籽明显暴露，并使秕籽颜色加深，果肉也趋于汁少而软化。因此，一般倾向予适当早收。无籽西瓜无种子，因而耐贮藏，无伤果实在常温下可贮藏 1 个月，这样可有效调节西瓜市场，增加效益。

第三章 甜瓜棚室栽培关键技术

第一节 甜瓜的特征特性、生育周期及对环境条件的要求

一、甜瓜植物学特征特性

甜瓜属葫芦科、甜瓜属，一年生蔓性草本植株。甜瓜植株由营养器官（根、茎、叶）和生殖器官（花、果实、种子）构成。

1. 根

甜瓜的根为直根系，较发达，具有一定的耐旱力。厚皮甜瓜的根系较薄皮甜瓜的根系更强健，较耐旱、耐贫瘠。薄皮甜瓜的根系则较厚皮甜瓜根系在耐低温、耐湿性方面功能更强些。甜瓜根系好氧性强，要求土壤疏松，通气良好。土壤黏重和田间积水都将影响根的生长发育。另外，土壤类型、植株营养面积、整枝方式等因素都影响根系的发育与分布。

甜瓜根系生长的适宜土壤酸碱度为 pH6～6.8，但适应范围较宽，特别是对碱性的适应力强，且耐盐碱。在土壤总盐量 14%以下、pH 小于 8～9 的条件下仍能正常生长。甜瓜根系生长快，并且易于木栓化，伤根后再生能力弱，新根发生困难，若进行育苗移栽，苗龄不宜过大，且应采取一定的保护根系的措施。

2. 茎

甜瓜茎为一年生蔓性草本，中空，茎表有条纹或棱角，可爬地栽培，也可搭架栽培。厚皮甜瓜茎的粗度和节间长度较薄皮甜瓜长。自然生长状态下甜瓜茎的分枝性很强，每节都可发生侧枝，主蔓生长不旺盛，而侧蔓却异常发达，常超过主蔓。条件适宜可无限生长而形成庞大的株丛。因此在栽培中需进行整枝，以免营养生长过旺影响坐果。

3. 叶

甜瓜叶为单叶互生，叶形较小。叶形圆或肾形，有角棱、全缘或五裂。叶柄被短刚毛，叶片有柔毛。同一品种，叶片大小、裂刻深浅因节位和栽培环境的不同而不同。厚皮甜瓜较薄皮甜瓜的叶大、叶色浅而平展。叶的同化产物的流向受生长中心的制约。因此，光合作用旺盛、净同化率较高的功能叶对甜瓜果实的生长发育作用很大。在果实生长期，通过植株调整，增加功能叶的数量和功能是栽培中的重要问题。

4. 花

花冠黄色，雄花丛生，雌雄同株异花，但大多品种的雌花都是雌雄两性花，虫媒花，雄花在主蔓上第 3～5 节开始发生。雌花的着花习性因品种而异。大多数品种主蔓上雌花发生较晚，子蔓、孙蔓雌花出现很早，往往第 1 节即为雌花。多数品种以子蔓、孙蔓结瓜为主。雌花着生节位与苗期温度有很大关系，尤其夜温影响更大。因此，生产上应采用“夜冷育苗”以培育壮苗。薄皮甜瓜结实花着生节位较厚皮甜瓜低。空气温度过高、湿度过低和阴雨高湿的环境都不利于授粉。

5. 果实

甜瓜为瓠果，侧膜胎座，3～5 心室，果实由花托和子房共同发育而成。其可食部分，厚皮甜瓜为中、内果皮；薄皮甜瓜为整个果实，即果肉和果皮。果实表面光滑或具网纹、裂纹、棱沟、瘤状凸起等。果实有圆形、扁圆形等多种形状。成熟时，果皮有不同程度的白、绿、黄和褐色，或附各色条纹和斑点，果肉分绿、白、橘黄和橘红等色，有的果肉还有两种颜色。肉质分脆肉、软肉两类。软肉中又有多汁性软肉与绵肉两种，具有不同的香气。

6. 种子

甜瓜种子富含脂肪、蛋白质。甜瓜种子在不同种、变种或不同品种之间差异很大。甜瓜种子种皮较薄，在形态上一般分椭圆形、长椭圆形，长卵圆形或芝麻粒形等，颜色上分黄色、白色、褐色或红色等。甜瓜种子成熟需要较少的积温。各类甜瓜种子在果实发育不久即具有生命力。采收后种子在果实内后熟，能显著提高尚未充分成熟的种子的发芽率和发芽势。

二、甜瓜生长发育周期

甜瓜的整个生育周期大致可分为发芽期、幼苗期、伸蔓期和结果期。甜瓜生育周期的长短，在不同类型和品种之间差异很大。厚皮甜瓜的全生育期比薄皮甜瓜长，薄皮甜瓜的早熟品种的全生育期一般在65～70天，而厚皮甜瓜的早熟品种全生育期在80～90天，晚熟品种甚至可达到120天左右。

1. 发芽期

甜瓜从播种到子叶展平，第一片真叶显露为发芽期，发芽期的长短主要与土壤温度、有关。种子发芽期内主要依靠种子贮存的营养进行生长，根系和地上部干重增长很少，主要是胚轴的生长，但是根系生长较快。幼苗出土后应适当降低温度和湿度，防止下胚轴徒长，形成高脚苗。

2. 幼苗期

从子叶平展至第5～6片真叶展开为幼苗期。幼苗期根系开始旺盛生长，地上部也有一定的增长，但生长中心仍以地下根系为主，并逐步向植株顶端生长点转移。2～4 片真叶期是分化旺盛的时期，此期也是幼苗花芽分化、苗体形成的关键时期。棚室内应保证白天充足的光照、较高的温度，以提高同化效能，积累充足的营养，满足花芽分化的要求。夜间较低的温度有利于花芽分化和雌花形成。因此在生产上应采取适当浇水追肥及中耕、提高地温、增强土壤通透性、促进幼苗根系生长发育、大温差的管理模式，为后期的甜瓜生产提供充分保证。

3. 伸蔓期

从幼苗第 5～6 真叶出现到开始伸蔓至结瓜部位雌花开放为伸蔓期。幼苗节间显著增长。地上部分进入旺盛生长时期，地下部分也迅速向垂直和水平方向扩展，全株以营养生长为主，地下强大根系已建成，是茎蔓伸长和叶面积增多增大的最快时期，生长中心在茎蔓顶端的生长点上。光合作用的产物主要输送给生长的茎叶。栽培上要促控相结合，一方面促进叶蔓健壮生长，使其形成具有较强同化能力的叶面积，以积累更多的光合产物，另一方面又要防止叶蔓徒长，以保证在适当位置及时开花坐果。因此应通过肥水管理及植株管理来调控生长势，使植株稳健生长。

4. 结果期

结果期是从结果雌花开放到果实成熟的一段时期。结果期所需日数的长短，主要取决于品种的熟性和适宜的条件。甜瓜进入结果期，地下部分的根系已形成，地上部分的植株叶面积也达到最大值。此期又分为坐果期、果实膨大期和果实成熟期三个阶段。

(1) 坐果期　指结果雌花开放至幼果达鸡蛋大小。此期间茎叶生长仍然旺盛。开始从营养生长向生殖生长转变，果实的生长优势尚未形成。管理的好坏不仅关系到能否及时坐果，而且对果实的发育影响很大。栽培上主要通过控制肥水、合理整枝、人工辅助授粉或激素处理等措施，来防止植株徒长与促进坐果。

(2) 果实膨大期　指幼果从鸡蛋大小迅速膨大到定个为止。此期间植株的生长以果实为主，茎叶的生长停滞或显著减少。此期是果实生长最快的时期，因此，果实膨大期是决定果实最终产量的关键时期。栽培上主要通过加强肥水供应，以充分满足果实膨大的生长需要，同时应及时打药和根外追肥，防止植株早衰和感病。

（3）果实成熟期　指从果实定个到果实生理成熟。此时期果实重量和体积增加不大，最主要的特征是内部贮藏物质的转化，还原糖含量降低，果糖含量增加，肉质松脆或软化并散发香味，果皮出现本品种特有的颜色和花纹，产生离层，种子饱满。这时应防止植株早衰，防治病虫害，采取控制浇水、翻瓜和垫瓜等措施以提高果实的品质。

三、甜瓜对环境条件的要求

1. 温度

甜瓜是喜温耐热作物，其生长发育对温度的要求因种类而不同，一般来说厚皮甜瓜耐热性强，薄皮甜瓜耐寒性强。甜瓜生长所需最低温度为15℃，最高温度可达到40℃，由于甜瓜的根系没有保护组织，所以根系生长对低温很敏感，当气温低于13℃时生长发育停滞，但对高温适应能力强。甜瓜全生育期所需积温为1800～3000℃。甜瓜在各生育期间对温度的要求不同，芽期的最适宜温度为28～30℃，幼苗期和伸蔓期的适宜温度20～25℃，结果期的适宜温度30～35℃。温室栽培甜瓜较大的昼夜温差有利于果实中糖分的积累，结果期的适宜夜温为17～19℃，最高不超过25℃，昼夜温差在11℃以上为宜。

2. 光照

甜瓜属喜光作物。甜瓜生长发育期间要求每天10～12小时以上的日照。甜瓜光饱和点55000勒克斯，光补偿点4000勒克斯。薄皮甜瓜光补偿点较低，较耐弱光，厚皮甜瓜喜强光，耐弱光能力差。光照充足时，植株生长健壮，茎粗叶大，促进雌花分化，坐果率高。光照不足时，植株生长细弱，叶色浅且薄，光合产物减少，结实花发育差，不宜坐瓜，果实品质下降。棚室栽培甜瓜应注意夜温对甜瓜的影响，夜温过高，呼吸作用增强，消耗的养分增加，光补偿点位上升，不利于甜瓜糖分的积累。

3. 水分

甜瓜属于耐旱不耐涝的植物。但因其根系浅，对土壤湿度要求较高。

（1）不同生育阶段，甜瓜对土壤含水量的需求不同　种子萌发期土壤含水量在10%左右；植株幼苗期土壤含水量在60%左右；伸蔓至开花期要求田间最大持水量为60%～70%；果实膨大期要求时间最大持水量为80～85%。果实成熟期内，应控制和停止浇水，土壤最大持水量应降至55%左右。

（2）甜瓜不同生育期对水分要求也不同　前期供水不足影响营养生长和花芽分化，影响坐果率，如水分过高则易造成植株徒长，落花落果，推迟结果。果实停止膨大后，土壤含水量过多会降低果实含糖量、风味，并易造成裂果，降低贮运性。

（3）甜瓜叶蒸腾量大，喜欢较低的空气相对湿度，适宜甜瓜生长发育的空气相对湿度为50%～60%，特别是厚皮甜瓜，空气相对湿度以控制在50%以下为最好。

4. 土壤营养

甜瓜根系好氧性强，土壤中空气的含氧量在10%以上才能保证甜瓜的正常生长，在土质较黏或含水量过高的地块种植时，应通过增施有机肥、高畦、高垄、深翻等农业措施来改良土壤结构，增强土壤的通透性。甜瓜能耐轻度盐碱，土壤的pH值以6.5～7为宜。在轻度含盐碱土壤上种植甜瓜可促进植株生长，增加果实含糖量，改进品质。甜瓜对氮、磷、钾三要素的吸收比例约为30∶15∶55；在需要氮、磷元素的同时特别需要钾元素。甜瓜属忌氯植物，对氯离子忍耐力弱，对碳酸根离子、硫酸根离子忍耐力较强。棚室栽培中连年施用化肥，土壤中氮、磷、钾的含量没有经过雨水等自然条件的冲刷而下降，土壤养分过剩容易造成植株生理障碍。这些都是棚室甜瓜栽培所要注意的问题。

第二节 适宜棚室栽培的甜瓜品种

由于我国各地的经济发展不同，生产条件差别较大，有一次性投资较大的温室和大棚，有较经济的小拱棚，还有广泛应用的地膜覆盖，以上不同整枝和不同栽培方式方法适用的品种各不相同。另外，各地不同的消费习惯、不同的生长季节和环境条件适用的品种也不同。因此如果不按规律、客观情况来选择品种，轻则难以获得好效益，重则导致栽培失败。

一、棚室甜瓜栽培注意事项

在温室或塑料大棚栽培甜瓜，选用甜瓜品种应从抗病性、抗逆性、丰产性、商品瓜色泽、市场需求等方面考虑，另外，栽培设施水平也不容忽视。品种选择一般应遵循以下几个原则。

1. 必须考虑品种的适应性问题

即选择的品种必须适于当地栽培。甜瓜栽培者首先要了解本地种植的杂交一代薄皮甜瓜品种属于哪个或哪几个类型，有何优点和不足，然后在同类品种间选择最适于自己栽培的优良品种。

2. 选择与栽培季节相适应的品种

耐寡日照、弱光照和低温下茎叶生长较好、结果能力强的“节能型”专用或兼用品种。秋延后栽培注意所选品种的抗（耐）病毒病能力和果实耐贮性。

3. 品种熟性与栽培茬口和整枝方式相配合

促成栽培应选用早熟品种，选留低节位坐果枝；抑制栽培应选晚熟品种，较高节位结果。若在早春茬选用中晚熟品种，高节位结果则无法实现早熟目的，而在秋延晚生产中用早熟不耐贮的品种就不能充分延长供应时间。

4. 不同类型品种相配套

选择与上市条件、消费习惯相适应的甜瓜品种，既选择的品种果实大小、形状、外观、瓤色等必须符合当地市场收瓜习惯和消费习惯。必须根据当地薄皮甜瓜销售途径或收瓜习惯等市场需求，选择与当地主栽培品种果实大小，果形、外观皮色等相近的品种。

5. 必须按引进品种的特点进行栽培

应充分了解引进品种的特征特性。栽培不当易发生果皮着色不良、裂瓜、烂瓜、苦瓜等现象，应针对引进品种的特点，采取相应的栽培措施。老产区引进新品种应当先少量试种，取得成功经验后再规模种植。新产区则宜选择栽培适应性好、容易种植的品种。

二、棚室甜瓜产区及栽培方式、品种

1. 北京甜瓜优势产区

栽培方式为温室、大棚架式或地爬栽培，品种类型有厚皮甜瓜品种如京玉月亮（见图 3-1，见彩图）、京玉白流星、京玉黄流星、京玉 2 号、京玉 3 号、金莎、蜜橙、银翠、风雷等；薄皮甜瓜品种如京蜜 11 号（见图 3-2，见彩图）、蜜脆香园、京玉 268、京玉 352、竹叶青等。

2. 上海甜瓜优势产区

浦东新区，栽培方式主要是大中棚栽培，采用爬地式栽培、嫁接栽培、夏秋季栽培、长季节栽培等，品种有玉姑、西薄洛托、东

图 3-1 京玉月亮果实

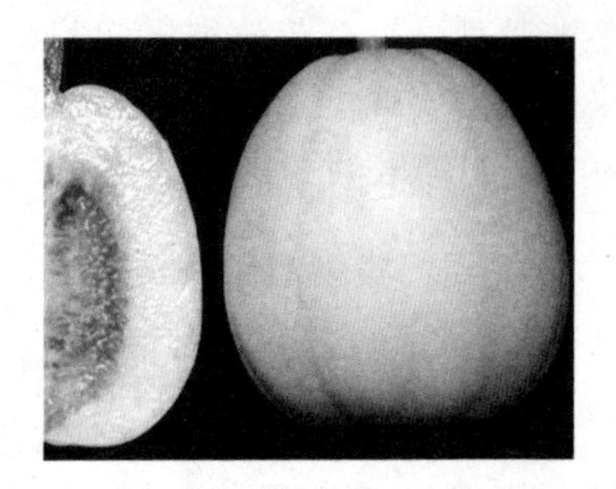

图 3-2 京蜜 11 号果实

方蜜 1 号等。崇明县，栽培方式为大棚栽培、小拱棚栽培，品种类型薄以厚皮甜瓜为主，有玉姑、西薄洛托等。金山区，栽培方式以大中棚栽培为主，少量小拱棚栽培，品种类型有西薄洛托、古巴拉、蜜天下、东方蜜等。

3. 河北甜瓜优势产区

唐山市乐亭县，栽培方式有温室、加苫中棚、春大棚吊蔓生产，薄皮甜瓜主要有红城 10 号、红城 20 号、永甜 7 号、永甜 9 号、永甜 11 号（见图 3-3，见彩图）、京香 2 号、京香 5 号、京香 8 号、富尔 15 号，厚皮甜瓜杂交品种有骄雪 5 号、鹤研白玉等；丰南县，栽培方式有小拱棚与大棚栽培，主要品种类型为薄皮甜瓜，如唐甜 2 号、唐甜 10 号等；滦县晒甲坨镇，栽培方式有大棚、中棚与小拱棚栽培，主要品种类型为厚皮甜瓜，如景甜 1 号、领袖、唐甜 2 号等。

廊坊市安次区，栽培方式为温室栽培与大棚栽培，品种类型以厚皮甜瓜为主，有丰雷、久红瑞、脆梨、金蜜龙、元首、红城九、伊丽莎白等；固安县甜瓜产区，栽培方式有温室、大棚与中小棚栽培，品种类型有厚皮甜瓜与薄皮甜瓜，如伊丽莎白、海甜 1 号、景甜 208、雪王 8 号、永甜 15 号等；广阳区栽培方式有早春日光温室栽培和大冷棚栽培，主要品种类型为厚皮甜瓜，如伊丽莎白、九宫瑞、迎春、元首、天蜜、丰雷等；永清县栽培方式为大棚和日光温室栽培，品种类型以厚皮甜瓜为主，如伊丽莎白、状元、景甜 1

号（见图 3-4，见彩图）。

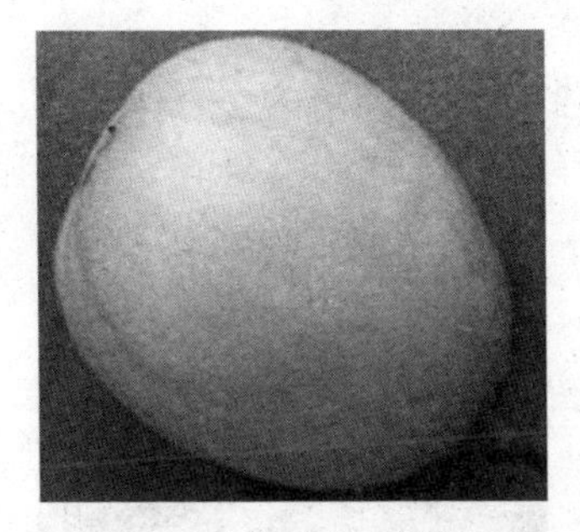

图 3-3 永甜 11 号果实

图 3-4 景甜 1 号果实

衡水市饶阳县，栽培方式以日光温室、春大棚甜瓜吊蔓生产为主，品种类型以厚皮甜瓜为主，辅以少量薄皮甜瓜，有伊丽莎白、玉金香、久红瑞、金苹果、香万里、红城 10 号、红城 20 号、台湾农友、常香玉、甜蜜；武邑县韩庄镇，栽培方式有地膜＋温室栽培，品种类型为薄皮甜瓜，如白沙蜜、景甜。

保定市清苑县，栽培方式主要为塑料大棚厚皮甜瓜栽培和中小拱棚薄皮甜瓜栽培。薄皮甜瓜品种有黄金道，厚皮甜瓜品种有伊洛晶、迎春、103、女儿香等。

沧州市献县，栽培方式有温室、大棚甜瓜吊蔓栽培。品种类型以厚皮甜瓜为主，如伊丽莎白。

4. 辽宁甜瓜优势产区

新民市梁山镇，栽培方式有温室栽培与大棚栽培，品种类型以薄皮甜瓜为主，如黄金道、京蜜、顺甜糖王；柳河沟镇，栽培方式有温室、大棚与中棚栽培，品种类型主要为薄皮甜瓜，如糖王、鹤丰、蜜罐、齐甜、辽甜 10 号（见图 3-5，见彩图）、辽甜 15 号等。

大连市瓦房店，栽培方式有温室栽培与大棚栽培，主要品种类型有薄皮甜瓜，如黄金道、十道黄、景甜、农大 8 号、农大 2 号、金亨、真甜大王等。

凤城市红旗乡，栽培方式有温室栽培与大中棚栽培，主要品种类型为薄皮甜瓜，如齐甜、香满园、真甜、红神等。

5. 吉林甜瓜优势产区

吉林省薄皮甜瓜栽培方式以设施多层覆盖栽培为主，薄皮甜瓜品种类型以薄皮甜瓜为主，主要品种有台湾玉露，八里香、黄金道（见图 3-6，见彩图）、顶心红。

图 3-5 辽甜 10 号果实

图 3-6 黄金道果实

6. 江苏甜瓜优势产区

连云港市东海县，主要以大棚栽培为主，品种类型为新景甜 1 号、京玉 268 等；新沂市瓦窑镇，栽培方式为早春大棚栽培，主要品种类型有中甜 1 号、中甜 2 号、翠蜜（见图 3-7，见彩图）、蜜世界、景甜 6 号等；徐州市铜山区，栽培方式有日光温室、大中拱棚与露地栽培，品种类型有丰甜 1 号、冰雪 1 号、天甜 2 号；盐城市射阳县，以设施栽培方式为主，品种类型有金玉、古巴拉、玉菇；大丰市，栽培方式为大、中、小棚设施栽培，品种类型有绿田 1 号、众天翠玉、白雪公主、雪红密、中甜 1 号。

7. 浙江甜瓜优势产区

嘉兴市嘉善县，栽培方式以钢管大棚越冬栽培为主，主要品种类型为光皮型甜瓜类型，如黄子金玉、三雄 5 号（图 3-8，见彩图）、创新 1 号、蜜天下；宁波市慈溪市，栽培方式主要以钢棚长季节爬地栽培和钢棚立架栽培为主，品种类型有小哈密瓜和洋香瓜，如玉菇、黄皮 9818、甬甜 5 号等；宁波市宁海县，栽培方式以毛竹大棚为主，品种类型以小哈密瓜类型为主，春季搭配部分薄

图 3-7 翠蜜果实

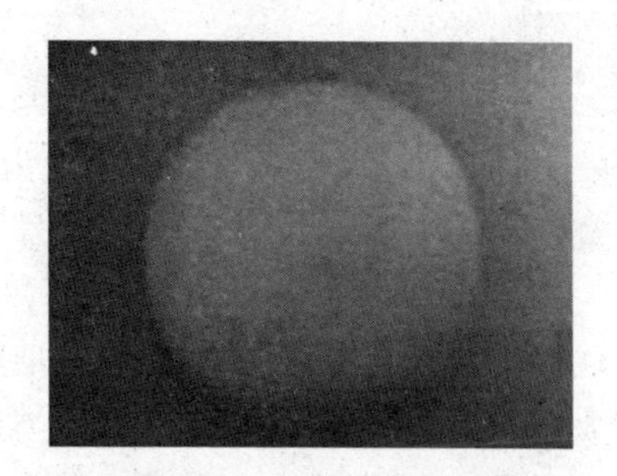

图 3-8 三雄 5 号果实

皮甜瓜，如黄皮 9818、甬甜 5 号和黄金瓜。

8. 安徽甜瓜优势产区

巢湖市和县，栽培方式以小拱棚栽培为主，大棚栽培为辅，采用嫁接栽培，品种类型以薄皮甜瓜为主，如中甜 1 号、金美丽、金众天。

9. 福建甜瓜优势产区

福州市闽侯县，栽培方式有露地、小拱棚和大棚栽培。品种类型有薄皮甜瓜与薄厚皮中间型甜瓜，其中薄皮甜瓜以新银辉、白玉、丽玉、新盛玉为主，薄厚皮中间型甜瓜以晶甜、金泰郎、金沙为主。

10. 山东甜瓜优势产区

菏泽市牡丹区，栽培方式为大中拱棚栽培，品种有白沙蜜等；济宁市金乡县，栽培方式有大棚栽培，品种类型有金乡白梨瓜、景甜 208、庆甜 2002 等；济宁市市中区，栽培方式为春拱棚栽培，品种类型以薄皮品种为主，如景甜 208、盛开花、庆甜 2002、庆发白瓜、日出蜜雪等；潍坊市寒亭区，栽培方式主要是大拱棚“三膜一苫”栽培，少部分日光温室栽培，品种类型有冰糖子、伊丽莎白、天蜜脆梨等；寿光市采用日光温室栽培和大拱棚栽培，品种类型有莎白系列和哈密系列。

11. 河南甜瓜优势产区

周口市西华县，栽培方式为大棚甜瓜栽培，品种类型有白沙蜜、瑞雪 2 号、银宝、银露 1 号、玉金香；安阳市滑县，主要采取大棚吊蔓栽培，品种类型有厚皮甜瓜如景甜、王子 2 号系列、雪红、丰雷系列，薄皮的久青蜜瓜等品种；仙桃市，栽培方式有早春大棚、大棚秋延后栽培，品种类型以厚皮甜瓜为主，如黄金宝、丰甜 1 号、白银蜜、白雪等；石首市，栽培方式为小拱棚双膜覆盖栽培，品种类型有中甜 1 号、丰甜 1 号、鄂甜瓜 6 号、久黄冠、金美丽等。

12. 湖南甜瓜优势产区

怀化市麻阳苗族自治县，栽培方式为大棚架式栽培，品种类型有金棱、八方瓜。邵阳市邵东县，栽培方式有大棚设施栽培，主栽品种为日本甜瓜。

13. 海南甜瓜优势产区

乐东黎族自治县，栽培方式大中棚设施立式栽培，品种类型有网纹厚皮甜瓜，如长香玉、昭君 1 号、金蜜 6 号、美瑞、抗病 3800 等；光皮厚皮甜瓜，如金辉 1 号、瑞辉、金香玉、蜜世界等。陵水黎族自治县，采用中大棚设施立式栽培，品种类型包括网纹厚皮甜瓜，如长香玉、昭君 1 号、金蜜 6 号、西州蜜 25 号等；光皮厚皮甜瓜，如金辉 1 号等。三亚市，采用中大棚设施立式栽培，品种类型有网纹厚皮甜瓜，如长香玉、金蜜 6 号、西州蜜 25 号（见图 3-9，见彩图）等。光皮厚皮甜瓜，如金辉 1 号；东方市，以大中棚设施立式栽培为主，品种类型有网纹厚皮甜瓜，如长香玉、昭君 1 号、金蜜 6 号、抗病 3800 等；光皮厚皮甜瓜，如金辉 1 号等；薄皮甜瓜，如白玉、银辉、包子瓜等。

14. 陕西甜瓜优势产区

渭南市大荔县，栽培方式有中大拱棚、日光温室栽培。品种类

图 3-9　西州蜜 25 号果实

型有薄皮甜瓜类型，如高世脆瓜；薄厚中间甜瓜类型，如中甜 1 号、西甜 1 号；光皮厚皮甜瓜类型，如娇雪、早蜜 1 号、红金宝；网纹厚皮甜瓜类型，如秦蜜宝、甘蜜宝、特大甘蜜宝。渭南市富平，栽培方式为中大拱棚栽培，品种类型有薄厚中间甜瓜类型，如中甜 1 号、西甜 1 号；光皮厚皮甜瓜类型，如娇雪、阎良红、白月亮、赵早蜜、郁金香、红金宝。渭南市蒲城，栽培方式有中大拱棚栽培与日光温室栽培，品种类型有薄皮甜瓜，如盛开花、运蜜 1 号；薄厚中间甜瓜类型，如中甜 1 号、西甜 1 号；光皮厚皮甜瓜，如娇雪、白月亮、金蜜、郁金香、红金宝；网纹厚皮甜瓜类型，如金蜜宝、秦蜜宝、甘蜜宝、脆蜜。

15. 甘肃甜瓜优势产区

民勤县，栽培方式有日光温室育苗小拱棚栽培、小拱棚直播栽培、日光温室栽培，品种类型有黄河蜜瓜、甘蜜宝、金红宝、银帝系列及甘甜玉露等白兰瓜品种。兰州市皋兰县，栽培方式有日光温室栽培、高架大棚栽培、小拱棚栽培，品种类型有银帝、银冠、银岭、台农 2 号、丰甜 4 号、玉娇龙、盛开花等。

16. 新疆甜瓜优势产区

鲁克沁镇、达浪坎乡、吐峪沟乡、迪坎乡，栽培方式有小拱棚促成栽培、单畦地膜小拱棚促成栽培、温室栽培，品种类型有金凤凰、金龙、早醉仙、新皇后、红心脆、西州蜜 1 号、西州蜜 25 号、西州蜜 17 号、宝丰蜜、金蜜 5 号、金蜜 8 号、金蜜 10 号。

17. 宁夏甜瓜优势产区

中卫市、中宁县、海原县，栽培方式有压沙地＋覆膜＋小拱棚栽培、压沙地＋覆膜＋大拱棚栽培，品种类型有玉金香、早皇蜜、银帝。银川市贺兰县，栽培方式有二代温室栽培、移动拱棚栽培；品种类型有望远 3 号、香玉、京甜 808、龙田 1 号、京都雪宝。

18. 广西甜瓜优势产区

南宁市邕宁区，栽培方式有地膜＋小拱棚栽培，品种类型有薄皮甜瓜、广蜜 1 号、日本甜宝、银辉、美浓等。北海市，栽培方式有厚皮甜瓜为中大棚栽培、基质或土壤栽培；薄皮甜瓜为小拱棚栽培。品种类型主要有薄皮甜瓜如美浓 1 号、广蜜 1 号，厚皮网纹甜瓜如北甜 1 号、西州蜜 25 号、好运 11 号等。南宁市武鸣区，栽培方式有薄皮甜瓜采取地膜＋小拱棚栽培，厚皮甜瓜采取大棚避雨栽培。品种类型有薄皮甜瓜如广蜜 1 号、丰甜 1 号、台湾珍珠香瓜，厚皮甜瓜如北海 1 号、好运 11 号、西州蜜 25 号、金蜜 6 号、新金凤凰等。

第三节　棚室甜瓜育苗技术

棚室甜瓜育苗就是在气候条件不适宜甜瓜生长的时期，通过使用棚室等设施来培育适龄的壮苗。根据对温度的控制管理不同又可分为增温育苗和降温育苗两种。增温育苗主要用于甜瓜的早熟栽培育苗（包括越冬育苗）；而降温育苗则主要用于夏种秋收和秋种冬收的生产栽培育苗。

一、苗床选择

目前国内甜瓜育苗主要用温床、冷床两种类型的育苗设施，还可用日光温室、塑料大棚、中小拱棚作为育苗设施。

1. 冷床

即阳畦，是在保护设施下不用人工加温，利用太阳光增热的苗床。常用小拱棚农膜覆盖加温，也可置于日光温室或塑料大棚内，同时采取其他保温措施，如温室内套小拱棚、盖草苫等。这种方式应用灵活，成本较低，可根据当地气候条件提前或延后育苗。制作苗床时要选择避风向阳、三面开阔、没有遮阳物、日照充足的地方。如果是丘陵地带，选向南倾斜 5°～10°的地势建棚较为有利。除地势较平坦外，土质不宜过黏。并要求土层深厚，有机质含量高，排水良好，地下水位低。还要通风流畅，但并不是风口处。

苗床设置：床宽约 1.4 米，苗床的长度根据地形和育苗数多少而定，一般不超过 10 米，床坑深 35 厘米，床壁要直，四周的土要夯实，在苗床上设置小拱棚，气温特别低时，小拱棚上还要补盖草棚或麻袋。苗床面积的大小与棚室的结构相适宜，主要是从它的保温增温性、抗风耐压性及操作的方便与否等几个要素来考虑，同时棚膜也以选用无滴膜和聚氯乙烯膜为好。由于冷床苗没有任何人工加温措施，故应特别注意防寒抗冻，在苗床设置时，应先在棚内纵向两边各开挖一条深 30 厘米、宽 20 厘米的防寒沟，在沟里填满稻草或杂草树叶等物，以防棚外冷气通过土壤渗入棚内；遮阴降温育苗：高温干旱季节，在冷床上面加盖遮阳网等来降低地表温度，减弱光照进行育苗。

2. 温床

温床不但能利用自然光照来增加苗床温度，而且可通过人为加温措施来提高苗床温度，这样利用温床再配合科学有效的管理，即使在寒冷的冬季也可培育出健壮的幼苗。根据热源不同，比较实用的有 3 种，即酿热温床、电热温床和火炕温床。

（1）酿热温床　是靠马粪等酿热材料加温，具有增温平缓的特点。

（2）电热温床　即在阳畦或大棚中设置电热加温线建成。可改善地温状况且可实行调控，有利于培育壮苗。

（3）火炕温床　即在冷床下建回笼火道，人工烧柴草加温的育苗设施。其造价低，易于推广，但建床及床温不易掌握。

3. 温室

主要指加温温室。温室采用煤火、暖气、热风、地下热水等加温设施加温。

4. 塑料大棚

利用塑料薄膜和竹木、钢材、水泥构件及管材等材料，组装或焊接成骨架，加盖薄膜而成。南北方向延长。为提高大棚的夜间温度，减少棚内的夜间辐射，白天将大棚拉开，夜间将其盖严，或采用大棚内套小棚、大棚套平棚、大棚套中棚、大棚中棚加地面覆盖、双层大棚（内为吊棚）等覆盖形式。为提高大棚性能，扩大用途，可以在棚内铺设电热线以控制温度，为幼苗生长创造适宜的条件。

二、营养钵、营养土的选择

1. 营养钵的选择和制作

甜瓜根系纤细，在移栽过程中易受损伤，且根的再生能力弱，不易恢复，故应采用营养钵育苗以保护根系。常用的营养钵主要有纸钵、塑料钵、营养土块等。其中塑料钵是由工厂生产的专门用于育苗的成品，塑料钵有多种规格，对甜瓜来说，以上口径 8～10 厘米、高 10 厘米较为适宜。

营养土块的制作方法有两种：一种是压制法，即将配制好的营养土，加入适量水搅拌均匀，至手握成团时，装入压制模内压成方块；另一种是和泥切割法，即将配制好的营养土铺在整平的苗床上，厚 10 厘米，再用木板抹平，浇水后按所需苗距切成方块，在切缝处撒少许沙子、草木灰等，以便于起苗和防止重新粘连。土块中央可扎穴，以备播种。

在纸钵、塑料袋、塑料钵、育苗盘内装营养土时，不要装得太满，上口留出 1.5～2 厘米，以便于浇水和播种后覆土（见图 3-10）。

2. 营养土的配制

营养土也叫床土，是为了满足甜瓜幼苗生长发育对土壤矿物质营养、水分氧气的需求而配制的，床土配制合理与否是育苗的关键，所以营养土应该具备土质疏松、通透性好、保水保肥能力强、富含各种养分、无病虫害等特点。配制比例是：60％大田土、10％煤炉灰、30％腐熟的马粪或羊粪或鸡粪肥，混匀制成育苗营养土，每立方米营养土加尿素 0.5 千克、过磷酸钙 1.5 千克、硫酸钾 0.5 千克或三元复合肥 1.5 千克。

配制时应选用连续 3 年未种过茄果类、瓜类及十字花科蔬菜的大田土壤。同时应该了解地块的除草剂使用情况，在前茬超量使用除草剂阿特拉津的地块不能取土，以及三年内使用过除草剂咪唑乙烟酸的地块也不能取土。取土时要注意选择 13～17 厘米以内的表层土。

3. 营养土消毒

常用的消毒处理方法是：每立方米营养土加 50％多菌灵可湿性粉剂 50 克、50％福美双可湿性粉剂 30 克、90％晶体敌百虫 80 克，处理时先把农药配成水溶液，均匀喷洒在营养土上，拌匀后用塑料薄膜严密覆盖，7 天即可杀死土壤中的多种病原菌和虫卵。然后均匀混合，装入营养钵（见图 3-11）。

三、播种

1. 种子消毒

甜瓜大多数病害是由种子带菌引发的，为了确保播种后出苗整

图 3-10　营养土装盘

图 3-11　营养土加杀菌剂消毒

齐和达到预防病害的目的，对没有包衣的种子要进行晒种、浸种消毒处理和催芽。晒种可以起到杀死种子表面病菌、打破种子休眠和促进种子后熟的作用。浸种，一方面可以使种子在较短的时间内吸足水分，保证发芽快而整齐；另一方面，甜瓜种子都带有病菌，浸种可以对种子表面及内部进行消毒，这对防治病害作用很大。经过上述处理的种子就可以在清水中浸种发芽，浸种时间长短因水温的高低而不同。冷水浸种，一般 4～6 小时，温汤浸种，浸种时间 2～3小时（见图 3-12）。

图 3-12　温汤浸种

图 3-13　催芽后的种子

2. 催芽

将浸泡过的种子捞出，沥干种子表面的水分，用干净的湿纱布或毛巾包好，装入塑料袋中，放在 28～32℃条件下催芽，2 天后可出齐，当“露白”时，放在 10～12℃条件下低温炼芽，以提高幼芽的适应性（见图 3-13）。

催芽时应注意以下几个问题：①必须保持适宜的温度。甜瓜种子在15℃以下不发芽，发芽的最高温度为40℃。实践证明，当温度低于25℃时，甜瓜发芽慢且不整齐。较低温度下发芽时间过长，也易发生烂种等现象。②保持种子通气。发芽过程中，种子的呼吸作用旺盛，需氧量大，一般要求含氧量在10%以上。因此，催芽过程中要保持通气，不要积水，经常翻动种子，使种子受热均匀。催芽过程中用30℃温水清洗种子1～2次。③及时播种或停止催芽。催芽的长度以露白为好，芽子太长，在播种时易折断，或播种后芽子顶土力弱。若出芽不整齐，则可将大芽挑出先行播种，如果天气不宜播种，应把种子摊开，盖上湿布，放在10～15℃的凉环境下，以防芽子生长过长。

3. 播种期的确定

适宜播种期的确定要根据当地气候条件和棚室类型的增温、保温性能而定，我国各地温室甜瓜的播种期大致为：东北、西北地区3月上、中旬播种，华北地区2月中、下旬播种，华东地区2月上旬播种。小拱棚甜瓜播种期比塑料大棚晚20～30天，西北、东北地区4月上旬播种，华北地区在3月初播种，华东地区一般于2月下旬播种。

4. 播种育苗

由于各地纬度不同，播种期也各不相同。一般是把棚室最低气温达10℃以上的时期作为定植期，然后从定植期往前推算，以此来确定播种期。棚室甜瓜栽培适宜苗龄为30～35天。将配制的营养土装入8厘米×8厘米的营养钵中。播种时苗床地温最好能在20℃以上，不低于16℃，以保证顺利出苗，缩短出苗时间。播种前1天把营养钵浇透水，播种时再用温水泼浇一遍，以保证苗床湿度。每个营养钵中播1～2粒种子，撒层薄药土，然后均匀覆盖1～2厘米厚的湿润营养土，若覆土过深，则出苗时间长，易烂种；播种过浅，虽然出苗快，但易出现带帽出土现象，且根系入土浅。寒冷季节苗床上应覆盖地膜，并扣小拱棚育苗。

四、苗床管理

1. 温度

为了发芽整齐应将床温保持在30℃左右，当白天高于30℃时，应该加盖遮阳网，不进行小拱棚换气。到第3天可以看见种子开始破土出芽。这时候换气，使拱棚内湿度逐渐降低。发芽后降低苗床温度，使白天温度保持在23～25℃，夜间温度保持在18～20℃，以防止瓜苗下胚轴徒长（见图3-14）。有60%以上种子出苗时即揭掉地膜，以防高温烤苗。当子叶展平，真叶刚开始露出时，昼温控制在25～28℃，夜温控制在15～18℃。注意控制苗床温度不可过高，并保持适当的昼夜温差，以利花芽分化，确保子蔓着生足够的雌花。

定植前1周应加大通风量，进行“炼苗”。通风口由小到大，通风时间逐渐延长，根据气温和苗情及时对幼苗进行锻炼，最后通风口可白天打开，夜间盖上。定植前几天，于夜间放风或不加覆盖物，进行低温炼苗，以增强幼苗对恶劣环境的抵抗能力，以利于移栽缓苗。幼苗进入3叶1心期，苗龄30～35天，即可定植（见图3-15）。

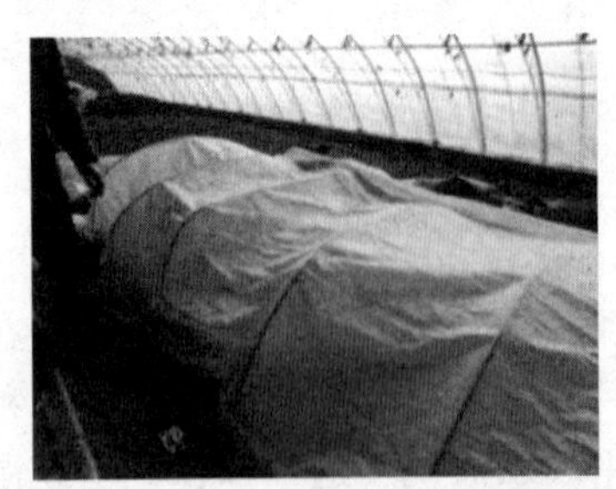

图3-14　苗床覆盖小拱棚保温保湿

图3-15　适宜苗龄幼苗

2. 光照

冬季育苗时，光照条件的好坏可直接影响到育苗的质量。由于冬季和早春太阳光线弱，光照时间短，苗床普遍光照不足，致使幼苗茎细叶小，叶片发黄，容易徒长，也容易感病，移栽后缓苗慢，影响产量。为增加棚内光照，白天要及时揭开草苫等覆盖物，让幼苗接受阳光，晚间要适当晚盖草苫等，以延长幼苗见光时间。另外，要经常扫除薄膜表血沉积的碎草、泥土、灰尘等，以保持薄膜较高的透光率。揭膜应从小到大，当幼苗发生萎蔫、叶片下垂时，要及时盖上薄膜，待生长恢复后再慢慢揭开。连续阴天时，只要棚内温度能达到10℃以上，仍要坚持揭开草苫，使幼苗接受散射光。

3. 肥水

此期一般不需大量施用肥水，根据植株长势和土壤墒情适时、适量浇水，以免降低地温，造成秧苗僵化或生长缓慢。甜瓜苗床播种前浇足底水，播种后用地膜或盖草保持苗床湿度。出苗前苗床一般不会缺水。但出苗后幼苗生长逐渐加快，需水量大。而在电热温床或火道温床上，水分蒸发量大，床土易失水干燥，因此应根据土壤水分情况及时补充水分。幼苗出现萎蔫现象时，要本着控温不控水的原则，选择在晴天上午浇水，浇水后1～2天内适当降低苗床温度，控制幼苗徒长。如果幼苗有脱肥现象时，可结合浇水进行少量追肥，可用0.1％～0.2％尿素水浇苗，也可在叶面喷施0.2％磷酸二氢钾或0.3％尿素。

第四节　甜瓜嫁接育苗技术

目前甜瓜连作生产中枯萎病等土传病害问题比较突出，给甜瓜的稳定生产带来了极大威胁，轻者导致减产，发病严重时完全绝收，已成为甜瓜产业实现可持续发展的瓶颈。目前甜瓜土传病虫害的防治方法主要有轮作、药剂防治、选用抗病品种和嫁接栽培等，但是由于我国人均地面积较少等因素的限制，在甜瓜生产中较难实现轮作，而生产中又缺乏对上述病虫害具有高度抗性的甜瓜品种和理想的防治药剂，因此，嫁接栽培是目前克服甜瓜连作障碍最简单有效的措施。

一、甜瓜嫁接砧木和接穗的选择

由于不同的砧木对甜瓜接穗影响不同，尤其对嫁接后的亲和共生力的影响，即嫁接后伤口的愈合、愈合后嫁接苗的长势，这些直接影响甜瓜产量及品质。所以必须注意嫁接砧木的选择，砧木宜选用嫁接亲和力强、根系发达、抗病耐寒，且不影响商品瓜品质和风味的白籽南瓜，如圣砧1号、白菊座、金钢等；接穗宜选择早熟、易坐瓜、品质好的品种，如红城系列等。

二、砧木与接穗适期播种

适宜播种期的确定主要取决于砧木种类和嫁接方法。甜瓜嫁接有劈接、插接、靠接等方法。嫁接的方法不同，要求的适宜苗龄不同。如采用插接法，应先播砧木，隔4～5天再播甜瓜，最适嫁接苗龄是砧木2片子叶1片真叶，甜瓜2片子叶展平时。过于幼嫩的苗，嫁接时不易操作，过大的苗，因胚轴髓腔扩大中空，影响成活。如采用靠接法，甜瓜播种6～7天后，再播种砧木，就可使两种苗子茎粗相近，易于嫁接（见图3-16、图3-17）。

图3-16 砧木播种

图3-17 适宜大小的砧木

三、甜瓜嫁接工具选择

1. 切削工具

常用的切削工具是双刃梯须刀片，每片刀片大约可嫁接 4000 株，如果不锋利，要及时更换，以防切口不齐造成愈合不好，影响成活率。

2. 嫁接竹签

可选用市场上的牙签，将一端削成楔子形，竹签直径 1～1.5 毫米（与甜瓜叶下的茎粗细相当）为宜。

四、甜瓜常用嫁接方法

我国目前主要采用的嫁接方法有靠接法、贴接法、插接法。

1. 靠接法

目前大多采用靠接法。此法的特点是操作简便，嫁接后易管理，成活率相对较高。具体操作方法：将砧木苗用刀片除去生长点，在苗基的一侧子叶下 0.5～1.0 厘米处，用刀片呈 30°～40°向下斜切到胚轴粗度的 2/5～1/2（见图 3-18，见彩图）。取一接穗，在子叶着生的一侧下 1.5～2 厘米处用刀片向上呈 30°斜切，深达胚轴粗度的 1/2～2/3，切口长与砧木相同（见图 3-19，见彩图）。然后将切口相互靠接插入并完全吻合，不能松动，用嫁接夹从接穗一侧夹住靠接部位（见图 3-20，见彩图、图 3-21，见彩图），从而保证接穗子叶略高于砧木子叶，使砧木子叶与接穗呈十字形。

2. 贴接法

砧木原根，接穗直接断根嫁接，砧木苗不拔出，将砧木苗用刀片在其顶端呈 30°～40°轻轻除去一片子叶及生长点，切口处见砧木

图 3-18　砧木切口

图 3-19　接穗切口

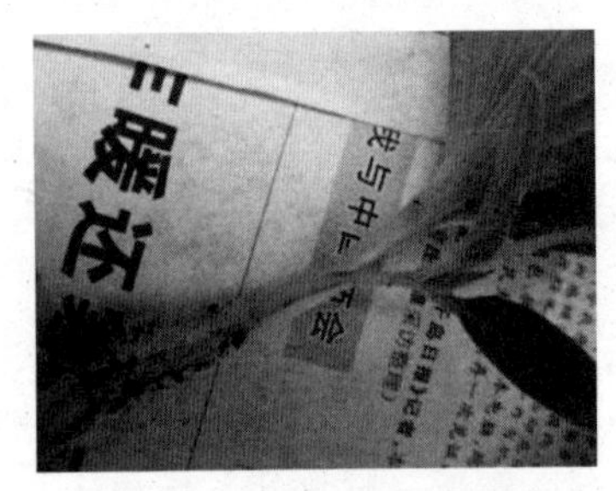
图 3-20　砧木和接穗插接

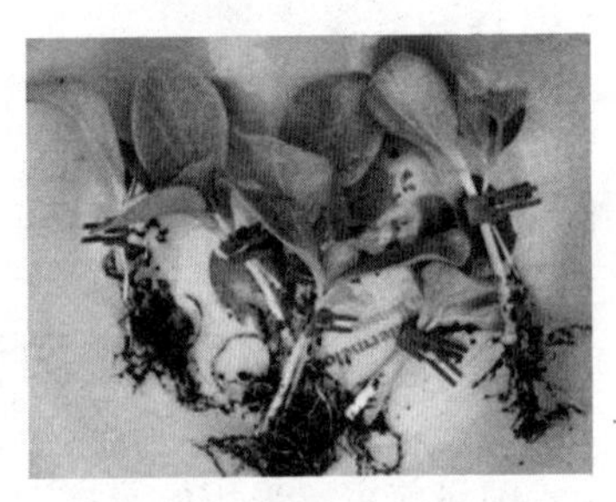
图 3-21　嫁接夹夹住接口

导管，取一接穗用左手的拇指和中指轻轻捏住根部，子叶朝前，使茎部靠在食指上，右手持刀片，在子叶着生的一侧，第一片真叶下1.5～2 厘米处用刀片向上呈 30°斜切断茎，将接穗斜面同砧木斜面贴严实。如果接穗贴茎与砧木茎粗细不同，一定要使接穗的一侧外皮与砧木切口外皮对齐，再用嫁接夹夹牢。

3. 插接法

插接法是先用刀片将砧木生长点削掉，然后用竹签在砧木切口斜插深约 1 厘米的小孔，以不穿破下胚轴表皮、隐约可见竹签为宜（见图 3-22，见彩图、图 3-23，见彩图）。竹签与茎的角度为 45°～60°。注意不要插到髓部空腔，也不要将两片子叶劈开，否则子叶下垂难以固定。取出接穗苗，在子叶以下 1～1.5 厘米处向下切一刀，削成长 0.6 厘米左右的楔子形，取出砧木的竹签随即将接穗插入即可（图 3-24，见彩图）。接穗子叶方向与砧木

图 3-22 砧木去心

图 3-23 砧木插孔

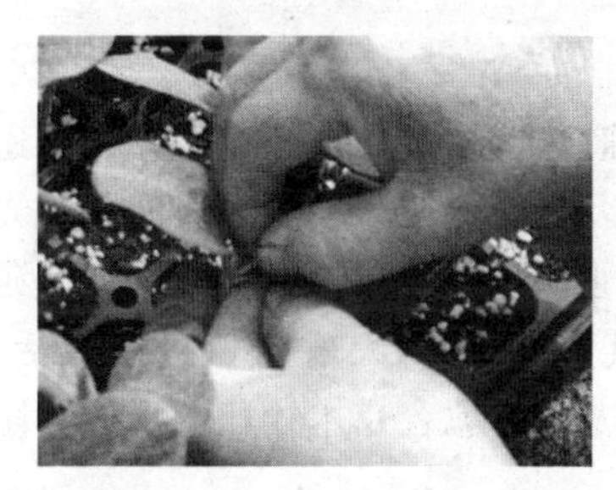

图 3-24 插入接穗

图 3-25 插接苗

子叶方向垂直，呈“十”字形（见图 3-25，见彩图）。

无论采用哪种嫁接方法，接穗和砧木的贴合面要尽量大一些，要紧一些。除砧芽：对砧木子叶节萌发的不定芽要及时除去，以促进接穗正常生长。断接穗根：采用靠接法嫁接的瓜苗，在嫁接 10 天后及时对接穗进行断根去夹。

五、嫁接苗的管理

首先要建个相对保温、保湿、避光的育苗床。苗床的大小可根据场地灵活掌握。嫁接移苗床最好提前 3～4 天建好，密闭升温保湿。将嫁接好的苗移到建好的育苗床中，要浇透水，在嫁接后 1 周内应做到充分保温、保湿、降低光照，将嫁接苗的蒸发量降到最小，努力促进细胞分裂，加速伤口愈合，这是保证嫁接苗成活的关键（见图 3-26）。

1. 温度控制

从嫁接苗移栽苗床到嫁接苗成活，需要 7～10 天。嫁接后 1～3 天将白天温度控制在 28～30℃，夜间温度控制在 23～25℃，嫁接后 4～6 天白天温度控制在 26～28℃，夜间 23～25℃。嫁接后 7～10 天温度可进一步降低，白天温度保持在 22～25℃，夜间18～20℃。定值前 7～10 天低温炼苗，白天 25℃左右，夜间可至 10℃左右。

2. 光照控制

嫁接当日及前 3 天，用遮阳网把嫁接场所和苗床遮成花荫，避免阳光直射，从第 4 天开始要求每天早晚让苗床接受短时间的日光照射，一般开始半小时，同时进行通风（见图 3-27），以后逐渐延长时间，根据嫁接苗情况加大通风量，7～8 天后当嫁接苗成活，可撤除遮盖物，接受充分光照，促进伤口愈合及木栓化的形成，防止窜苗。

图 3-26　嫁接苗移栽至营养钵

图 3-27　覆盖遮阳网遮阴

3. 湿度控制

嫁接后最大限度地降低接穗水分蒸发是提高嫁接成活率的关键。小拱棚以空气湿度达到饱和状态、塑料棚膜上有水滴为宜，嫁接后 1～3 天内密封不换气（见图 3-28）。嫁接后 4～5 天，应通风透光，通风时间以接穗不萎蔫为宜。当接穗开始萎蔫时，要保湿遮阴，待其恢复后再通风见光，通过这样反复炼苗，1 周后就可进入

图 3-28　嫁接后覆盖薄膜保湿

正常的苗床管理。苗期浇水最好在上午，水温不要低于 15℃。苗龄一般在 30 天左右，定植前注意防治猝倒病、立枯病、炭疽病等病害的发生，在定植前 1～2 天喷一次药。

第五节　棚室甜瓜的田间管理关键技术

一、整地施肥

一般选用地势高燥、排涝通畅、背风向阳、土壤通透性能好、pH 6.5～7.5、易于发苗的沙质壤土。为了提早设置小拱棚，争取早栽早熟和工作方便，通常选用休闲冻垡地，即上年前茬作物收获后，即进行秋耕，深耕 30～40 厘米，耕后不平整土地，以提高冻垡效果，增加保墒能力。

每亩施腐熟的粪肥 2000 千克、磷酸二铵 25～35 千克、硫酸钾 10～15 千克、过磷酸钙 50 千克或硫酸钾型三元复合肥 50～80 千克。腐熟的豆饼、葵花饼、麻籽饼等饼肥 100 千克。耙平后一半撒施，一半集中施。做成龟背高畦，铺上地膜以提高地温。一般在定植前 7～10 天扣好棚膜，利用阳光提高棚内气温和土温，使定植行 10 厘米深处地温保持在 18～20℃。

二、定植

1. 定植期

定植期一般比播种期晚 1 个月。中棚栽培甜瓜的播种期和定植时间大体可参照大棚栽培。如采用辅助性保温和加温措施，定植期可早于塑料大棚，否则要晚于塑料大棚。

2. 定植密度

定植密度要根据生产季节、设施条件、地力水平、整枝方式以及品种的特性而定。在冬季，温室及简易温室的定植密度宜大；地力强的地块，定植密度宜大；吊蔓、双蔓栽培，定制密度宜大；长势弱的品种定植密度宜大；反之温暖的季节、日光温室、地力水平低、多蔓栽培以及长势强的品种定植密度宜小些。一般生产上常用的薄皮甜瓜种植密度为：大小拱棚栽培多蔓地爬整枝，每亩可栽苗 1500～1600 株；温室三蔓地爬整枝，每亩可栽苗 1600～1800 株；双蔓地爬整枝，每亩可栽苗 2000～2200 株；采用单蔓整枝吊蔓栽培，厚皮甜瓜每亩 1600～1800 株，薄皮甜瓜 2200～2400 株。

3. 定植

定植应在表层土温稳定在 15℃以上，气温不低于 13℃时，于晴天上午进行，阴天有寒流的天气不能定植。定植时把秧苗从营养钵取出，移入当天打好的定植穴中，定植穴要先浇足底水，秧苗不宜栽植过深，以露出子叶为宜（见图 3-29、图 3-30）。定植后，营养土上方不立即封土，待水完全渗入后，用干土将四周封严。保护地春茬栽培必须采用地膜覆盖，提升地温，保持土壤湿润。若温度达不到要求，则要采取增加拱棚覆盖等综合措施进行保温，防止秧苗因温度过低造成寒害。

图 3-29　坐水定植

图 3-30　覆土后露出子叶

三、薄皮甜瓜的整枝

1. 地爬栽培整枝

一般常采用双蔓、多蔓整枝方式。双蔓整枝适用于结果早的品种，即在主蔓 3～4 片真叶时摘心，选留 2 个健壮的侧蔓垂直拉向垄的两侧，在每条子蔓 1～2 节各保留一个瓜，在瓜的上部留 3～4 片叶摘心，任其生长，不再掐尖，其余侧枝全部去掉（见图3-31）。多蔓整枝包括三蔓整枝、四蔓整枝，这些方法与双蔓整枝方法相似，主蔓 5 片真叶时留 4 片真叶摘心，从中选留 3～4 条子蔓，坐瓜的子蔓留 3～4 叶摘心，并除掉其他无用的枝杈（见图 3-32、图 3-33）。以孙蔓结瓜的品种，常采用四孙蔓整枝方式，即在主蔓生到 3～4 片真叶时摘心，选留两条健壮的子蔓，待长出 4～5 片真叶后再次摘心，每个子蔓上留 2 个孙蔓，全株共留 4 个孙蔓，在每条子蔓 1～2 节各保留一个瓜，在瓜的上部留 3 片叶子，其余枝杈全部去掉。

2. 吊蔓栽培整枝

多采用主蔓吊蔓整枝方式。当瓜秧进入伸蔓期时将主蔓吊起，第 5～7 节以下长出的子蔓全部去除。主蔓第 10 节左右选留 2～4 条子蔓，每条子蔓留 1 个果后再留 1～2 叶摘心并摘除其上的侧枝。

图 3-31 主蔓摘心，留健壮侧蔓

图 3-32 三蔓整枝

图 3-33 摘心

根据棚室高度，当主蔓距棚顶 40 厘米时摘心。需注意的是，主蔓顶部必须留 1 条子蔓不摘心，保留 1 个生长点，保证植株有旺盛的生长活力，同时做到结瓜子蔓分布合理，保证通风透光。吊蔓栽培主要适合以子蔓结瓜为主的品种，但如果误种了子蔓雌花少的品种，必须将未结果节位的子蔓留 1 叶掐尖，促发孙蔓，孙蔓留 1～2 叶摘心留瓜。

3. 整枝时应遵循的原则

薄皮甜瓜雌花多着生在子蔓、孙蔓和玄孙蔓第 1 节或第 2 节上，其他节位上着生雄花。因此必须及时对瓜蔓进行整枝。茎蔓旺盛生长期也是子蔓伸长至果实迅速膨大期，要及时整枝和顺蔓，坐瓜蔓授粉后保留适当叶片及时摘心，同时要注意摘除无瓜蔓，整枝时要把瓜蔓方向摆布均匀，尽量不要相互重叠，影响叶片光合作用。甜瓜叶片在日龄 30 天左右时制造的营养物质最多，这时的叶片为功能叶。果实膨大时，功能叶越多，则供给果实的养分越多。在整枝时有些瓜蔓遗漏摘心，造成瓜蔓过长，这种蔓留成叶，摘除全部叶芽。全株必须保留足够数量的生长点，以促进根系发育，无生长点或侧蔓过早摘除则根系少，如无生长点，根系停止分生新根，严重影响果实质量。无论甜瓜采取何种整枝方式均以前紧后松为原则，即坐瓜以前，严格进行整枝、打杈、摘心以及压叶等工作(见图 3-34)；待幼瓜坐稳后，不再整枝、压叶，植株过旺时可再进行1～2 次摘心（见图 3-35)，让植株自然生长，以增加光合叶面积，使果实迅速膨大，进而达到高产的目的。需要注意的是摘心必须及时，但整枝摘心也不应过早过狠，以免影响植株生长。整枝操作要在晴天上午进行，摘心后要喷施药物防止伤口感染。

图 3-34 坐瓜前及时整枝顺蔓

图 3-35 坐瓜后自然生长

四、厚皮甜瓜的整枝

对于中早熟光皮品种而言，多采用单蔓整枝和双蔓整枝。其中单蔓整枝在主蔓长出 5～7 片叶时开始吊主蔓。单蔓整枝，第 8～12 节的子蔓留瓜，每个子蔓选留 1 个瓜，瓜前 3 片叶摘心，每株结 1～2 个瓜，主蔓长到 20 片叶时掐尖；双蔓整枝，当主蔓 3～4 片叶时摘心，选留 2 个健壮子蔓，利用子蔓上的孙蔓结瓜，多选留 2 个孙蔓结瓜，每株结 2～4 个瓜，瓜前 2 片叶摘心，子蔓长到 13～14 片叶时摘心。对于网纹类型和大果型的品种适宜留瓜节位在第13节左右，坐瓜节位以上留10～15片叶，坐瓜节位以上留叶少时，果实早熟，但果实较小，每株结1个瓜为宜，主蔓26～28片叶时摘心，顶部留2条子蔓任其自由生长。

五、肥水管理

甜瓜全生育期施氮、磷、钾的比例为2.8∶1∶3.7。其中以钾吸收得最多，追肥时要选择含钾量高的肥料。在施足基肥的基础上，进行1～2次追肥，甜瓜从开花到果实膨大是需肥的高峰期。根据品种和土壤肥力状况，在伸蔓期及坐瓜定个后各追肥1～2次。也可进行根外追肥，甜瓜伸蔓后每隔10天左右喷叶面肥1次，以含有多种微量元素和氨基酸、黄腐酸的肥料为宜。叶面喷肥在午后3～4时进行。甜瓜是忌氯作物，禁止施用含氯的肥料。果实熟前至熟期不施氮肥，以利转色增甜。棚室栽培定植时多处于寒冷的冬季，所以不宜多浇水或浇大水。定植缓苗后，可视土壤墒情及长势浇缓苗水。多在定植后5～7天，选晴天浇缓苗水。甜瓜比黄瓜等蔬菜抗旱，浇水不可太勤。在坐瓜前应不旱不浇水，也不追肥，特别是在花期不能浇水。坐瓜后适时浇水，应保持地面湿润。当幼瓜长到鸡蛋大小时浇催瓜水，结第二茬瓜时浇催瓜水。每次浇水都是顺畦间沟浇，以缓慢渗入畦内。甜瓜各生育期最佳土壤含水量为：定植到开花期为田间最大持水量的70%，开花坐果期为80%，果实膨大期为80%～85%，果实成熟期为55%。

六、提高坐瓜率

育苗期温度不可过高，棚温最好不要超过35℃，并保持适当的昼夜温差，以利雌花分化，苗期温度过高，昼夜温差小或低温寡照不利雌花分化，特别是前期扣小棚，温度高时撤棚的露地栽培，易出现子蔓无雌花或雌花少的现象；小、中棚栽培，伸蔓至坐果前要控制肥水和棚温，棚温要控制在25℃以下，尽可能少浇水，高温天及时放风，伸蔓后及时整枝；在雌花开花时进行人工授粉或放蜂。亦可进行激素处理，在雌花开放黄时，在早晚无露水时，用坐果灵、防落素等对雌花（包括花柄）进行喷雾处理（见图 3-36）。

图 3-36　用激素处理促进坐果

七、保花保果

在甜瓜开花坐果期很难满足其对环境条件的要求，坐瓜比较困难。因此，对瓜胎必须采取激素处理进行保瓜。一是浸泡法，即用0.1%吡效隆系列产品，在瓜胎生育期，将瓜胎垂直浸入配制的激素药液内，注意所有瓜胎的浸泡浓度均相同。保持合适的浸泡深度，如果浸入过深，接近瓜柄，会导致瓜柄变粗，影响商品性，一般深度宜达到瓜胎的2/3。二是花前喷雾法。在第1个瓜胎开花前1天，从瓜胎顶部连花及瓜胎用小喷雾器定向喷雾，可选用高效坐瓜灵。为了防止瓜柄变粗、叶片畸形，喷雾时应将瓜柄及叶片挡住。喷瓜胎时，为促使坐瓜齐且果形均匀，一般一次性处理花前2～3个瓜胎。在喷雾药液中加入含有色素的2.5%悬浮剂，可避免重复处理瓜胎而出现裂瓜、苦瓜、畸形瓜，这样既防止了早期灰霉病的侵染，又做了喷花标记。此法较简单，易操作。但是如果瓜胎受药不均时，易导致偏脸瓜的发生。三是喷花处理法。即在甜瓜开花后的当天或第2天，用小型喷雾器将药液直接喷向花的柱头，常采用的药剂为10～20毫克/千克2,4-D。喷花的时间要掌握在10时前或15时后。

八、花期激素处理注意事项

有效成分均为氯吡脲（吡效隆）的高效坐瓜灵、强力坐瓜灵多在厚皮甜瓜和薄厚中间型甜瓜上使用，说明书推荐的浓度多为厚皮甜瓜使用浓度，按说明书推荐的浓度在薄皮甜瓜上使用，常产生瓜苦等药害。在薄皮甜瓜上使用氯吡脲（吡效隆）喷花和瓜胎，对温度特别敏感，温度稍有变化，浓度就要有很大变化，不同甜瓜品种、长势强弱，对氯吡脲（吡效隆）的敏感程度也不一样，浓度不好掌握，小果形品种温度高、浓度高时极易产生苦瓜，还会使果实过大、变形变长、不转色，而且还会影响甜瓜对钙素的吸收，在甜瓜果肉内产生坏死斑，极易产生瓜苦、坏膛、起棱等药害。用激素喷花或瓜胎，一定要多喷几个瓜，瓜膨大后，必须摘除果形不正的瓜，留果形好的瓜。上面介绍的浓度仅供参考，要结合当地的实际情况灵活应用。

九、疏瓜、留瓜

在大多数瓜胎长至核桃至鸡蛋大小，根据植株的长势和单株上下瓜胎大小的排列顺序、瓜胎长势进行疏瓜、留瓜，一般疏 1～2 次即可。将畸形果和小果剔除，选留 1 个颜色鲜亮、发育周正、果形稍长、果柄粗壮的瓜；如果大小相近，则选择晚授粉的瓜；厚皮甜瓜留果选择上节位的瓜。如果第 10～12 节子蔓没有结瓜，可以在第 13～15 节留瓜，但是越往后留瓜上市时间越长，瓜品种特色表现得越不明显。留瓜个数：多数情况下，早熟品种比晚熟品种多留果，双蔓整枝比单蔓整枝多留果，栽植密度小的比栽植密度大的多留果。留瓜的同时及时去掉老叶、病叶、黄叶及多余的侧蔓、侧芽，以减少养分消耗。

十、成熟度判断

薄皮甜瓜成熟标志是：皮色鲜艳，花纹清晰，果面发亮，果柄附近茸毛脱落，果顶开始发软，瓜面用手掐弹时发出空浊音，出现特有香味。一般根据市场需求确定采收期。需要注意的是，小棚保温性能不如大棚，同一品种从开花到果实成熟的天数要延长2～3天，不要盲目抢早，以免影响商品瓜的品质；厚皮甜瓜成熟度时糖度应达到15%以上，高温期坐瓜成熟期稍短，结果期温度低时成熟期稍长。一般可从坐瓜节位卷须的干枯程度判断瓜的成熟度，卷须开始干枯后即成熟，应及时采收。用“丁”字方法采收，留两叶采收、运销。果实采收时应轻搬轻放，严防任何碰伤，并尽快为果实套上塑料发泡网。

第六节　甜瓜小拱棚栽培技术要点

小拱棚与塑料大棚的主要区别在于空间上，管理作业一般需要揭开薄膜进行。由于塑料小棚栽培甜瓜具有成本低、容易搬迁和便于倒茬等优点，所以小棚甜瓜的栽培面积远远超过大棚，是目前农村普遍采用的栽培方式。

一、品种选择

小棚栽培应选用生长期在100天以内、开花早、耐低温弱光、株形紧凑、易坐瓜、成熟早以及效益高的品种。

二、扣棚定植

小拱棚准备工作：地膜130厘米宽幅，拱膜220厘米宽幅、厚度0.1毫米。竹拱规格为长2.1米，宽2厘米。每间隔1米用竹片做一个棚架。选用26厘米×2厘米竹片，做压膜线扦子，压膜线要紧贴棚膜，四周用土压实防止大风把棚膜撕开。一般在栽瓜前10天，将做好的垄浇足底水晾晒后铺上地膜，床的两侧要用土封严，以免杂草长出地面，要注意把垄沟里的土清到地膜两侧。定植：北方一般在4月末～5月初，根据天气情况在冷尾暖头时带土坨晴天上午定植，栽苗时按株距在地膜上打孔，将幼苗平稳放于孔内，用土封严，在移栽过程中，随栽随浇水。小拱棚甜瓜的定植密度，一般行距60～80厘米，采用双蔓整枝的株距35厘米，多蔓整枝的株距45厘米。

三、定植后的管理

塑料小拱棚保温性能比大棚差，受天气影响大，晴天棚温升得快，夜间降得也快，因此管理上要求更严格。总的原则是早期以保温为主，定植后7～10天一般不揭膜，棚温控制在30℃左右，但要注意防止小棚内空气湿度过高，晴天中午可将塑料小拱棚的南端口揭开放风。幼苗缓苗后，白天维持在25℃左右，夜间15～12℃，通过放风时间的长短、放风量大小和天气情况灵活控制。进入生育后期，东西两侧薄膜都要拉起放风。而棚顶始终盖膜，可起到防雨、防病，促进果实生长发育的作用。结果期如果遇持续高温天气最好将棚模揭开，防止温度过高不利于瓜增糖转色，但高温天气过后遇雨或低温则应再将棚模盖好。另外，还应降低棚内湿度，减少发病机会。雨后要及时通风，防止闭棚时间过长，果实产生水裂，降低商品性。当气温长时间稳定在20℃时，及时撤棚（双膜撤拱棚、三膜撤大棚），使甜瓜可以得到充足的阳光直射，加快成熟。

1. 整枝方式

参见本章第五节“三、薄皮甜瓜的整枝”中“双蔓整枝”与“多蔓整枝”方式。

2. 肥水管理

塑料小拱棚栽培在施足基肥的情况下，一般年份前期不追肥。底肥不足可在苗高30厘米或伸蔓后，及时追施提苗肥1次，亩施尿素15千克。有花打顶的在定植后间隔5～7天喷叶面肥1次，连喷 2～3 次。坐瓜如核桃大小时，每亩随水追施液体冲施肥 10 千克或尿素 20 千克、硫酸钾镁 30 千克。以后每隔 15 天左右追施冲施肥 1 次，坐瓜后每隔 10 天左右喷叶面肥 1 次。甜瓜属于耐高温干旱作物，前期应注意控制浇水量和浇水次数。果实膨大期给予充足水分，每天均衡浇水。全生育期忌大水漫灌，以防止高温高湿造成化瓜和病害流行，有水浇条件的地区可在果实膨大期浇 1～2 次水，成熟期头茬瓜采收前 3～5 天停止浇水，采收后恢复浇水，促进二茬瓜膨大。

第七节 甜瓜大（中）棚栽培技术

大（中）棚以其支架便于移动、栽培面积大、空间操作便利、易与同其他作物套种等优点，在我国农村种植面积有逐年扩大的趋势，已经成为各地主要的栽培方式。

一、品种选择

甜瓜塑料大（中）棚栽培品种，应以早熟、优质、抗病品种为主，辅助适量中熟品种。需要注意的是，东北地区一些子蔓结果的品种，南移后过早留果，瓜小产量低，易早衰。

二、整地扣棚

选择背风向阳、土壤肥沃、排水良好的壤土，在冬季来临前搭好支架，扣上最外一层膜，并进行深翻整地，一般结合深翻亩施腐熟有机肥 5000～10000 千克、硫酸钾型三元复合肥 60～80 千克。粪肥必须经高温腐熟，没有农家肥或重茬栽培应施用生物肥等微肥。将土壤与肥料耙平混合后起高垄，起垄后覆一层地膜（这是最里面的一层膜）。然后在棚内立柱间拉线，在线与棚之间吊一层薄膜（此膜离最外层膜最近，称其为第二层膜），这层膜可提高棚温4～6℃，同时防止冷空气的侵入。

三、定植

春大棚定植期比播种期晚30天左右，苗龄3叶1心至4叶1心时定植。选择晴朗无风、气温较高的天气进行。定植时先将营养钵内的瓜苗取出，放入定植孔内，随手在定植孔内浇水，等水渗下后还要用土把定植孔周围封严。定植后7天密闭棚室，保温、保湿以促进缓苗。定植时顺垄沟对水浇施50%辛硫磷（每亩1千克），可有效防治地下害虫。大棚甜瓜定植密度，一般每亩2300～2500株，行距60～80厘米，株距30～45厘米。具体行距多少，可根据品种、棚宽和种植管理方式等实际情况而定。

四、定植后管理

1. 温度管理

定植至缓苗前白天棚内气温控制在30～35℃，夜间不低于15℃。如果外界气温过低，可在棚室的外围围靠草苫或在秧苗的垄台上方搭建临时小拱棚，白天揭掉，晚上盖好保温。缓苗后至瓜定个前白天棚内气温保持在25～30℃，夜间不低于12℃。瓜定个至成熟白天气温控制在25～35℃，夜间尽量保持在15℃以上，以利甜瓜的糖分积累和提早成熟。经常擦净棚膜上的尘土和其他脏物，保持棚膜表面干净。随着外界气温的升高，要及时逐层撤掉棚内张挂的内幕，以保证较强的光照强度。

2. 肥水管理

定植后7天左右，浇1次缓苗水。开花前追肥、浇水，可采取隔垄浇灌的方法，每亩随水冲施用水溶化后的三元素复合肥料10～15千克。大多数瓜长至核桃大小时追施膨瓜肥，浇催瓜水，一般亩施三元素复合肥25～35千克。以后第2茬、第3茬瓜的肥水管理，从膨瓜到成熟，要根据土壤墒情、植株长势而定。

3. 整枝方式

大棚甜瓜的整枝方式应根据品种的结瓜习性来确定，常采用双蔓整枝、三蔓整枝或四蔓整枝方式。以孙蔓结瓜的品种，常采用四孙蔓整枝方式。具体整体方法参见本章第五节相关内容。整枝摘心应在晴天上午进行，以利伤口愈合，减少病害发生。每株以结3～4个瓜为好，每个瓜应保留6片功能叶，这样制造的营养才能满足所结瓜的营养要求。

第八节 甜瓜吊蔓栽培技术

薄皮甜瓜吊蔓栽培，是在茎蔓地爬生产的基础上发展起来的新型立体栽培模式，它具有通风透光、提高果实品质、管理方便、减少病虫害发生等优点，可有效防止土传病害、增强植株抗逆能力，进一步提高甜瓜产量和品质。同时，还实现了春提早和秋延后栽培，大幅增加了甜瓜生产的经济效益。

一、品种选择

一般以子蔓结瓜为主的品种，不摘心，主蔓作为攀缘蔓。子蔓、孙蔓均可结瓜的品种，在5叶期摘心，首先除去2片子叶长出的子蔓，在3个真叶长出的子蔓中选留1条健壮子蔓，作为攀缘蔓，其他子蔓摘除。

二、大棚吊蔓准备

吊蔓甜瓜一般都是反季节生产，定植前提早扣棚升温，可以使北方冬季冻结的土壤在定植之前融化。在春棚扣棚后，为促进升温，一般应在扣棚后立即于棚内进行吊蔓。最后及时将吊甜瓜秧子的胶丝绳拴在甜瓜定植垄上方的铅丝绳上，准备定植后吊秧用。为促进甜瓜的无公害栽培，在定植前1周对棚室进行消毒，注意消毒后应放风排毒。

三、吊蔓整枝

瓜苗长至5～7片叶时，用胶丝绳将主蔓吊好。吊蔓整枝主要有2种方法。一是主蔓单杆吊蔓一次摘心。主蔓接近吊蔓胶丝绳顶部时，一次性摘心。二是主蔓单杆吊蔓二次摘心。主蔓长至15片叶时进行第1次摘心，然后在顶部留出一个子蔓作为主蔓，待新主蔓接近吊蔓胶丝绳顶部时，进行第2次摘心。其他子蔓留1片叶后摘心。相比较第1种方法，第2种方法更适宜棚室甜瓜秧的管理，即植株不徒长、子蔓长势好、第2茬瓜坐瓜较早、植株不易发生老化等。

整枝应根据植株长势确定，一般留瓜节位以下的侧蔓全部去除。如果结果枝长势强，抑制攀缘蔓生长，应及时剪除留瓜节位以下的结果枝；如果攀缘蔓长势旺，有徒长趋势，可促进侧枝生长减弱攀缘蔓长势，暂时不整枝，待结果枝长势增强，攀缘蔓长势得到有效控制时，剪除留瓜节位以下的结果枝。

四、果实管理

根据植株长势来确定坐果节位和坐果数量。一般应去除第8节以下的侧蔓，在第8～12节选留3～4个健壮的侧蔓留瓜，每条侧蔓留1叶1瓜摘心。如果定植后瓜秧、长势弱，宜保持稍高的坐果节位。一般主蔓长至25～30片真叶时摘心，坐瓜节以后侧蔓留1片叶摘心。另外，还要注意留瓜茬数。可用药剂喷花和处理第1茬瓜，留瓜3～4个。待第1茬瓜坐住并膨大，上部节位生出的子蔓瓜胎容易坐瓜时，可人工处理第2茬瓜胎，留瓜2～3个。

第九节　甜瓜套袋栽培技术

甜瓜设施栽培过程中，采用套袋技术不仅能防止病虫为害果实和田间操作对甜瓜的伤害，还可以减少农药残留，生产的甜瓜表皮光洁，颜色鲜艳，商品性好，经济效益显著提高。

一、品种选择

棚室甜瓜套袋后，因果实表面光照减弱，影响其光合作用和干物质积累，在一定程度上会导致果实含糖量降低。因此，生产上最好选择含糖量高的品种进行套袋栽培。

二、套袋

1. 套袋选择

袋子要求成本低、不易破损、对果实生长无不良影响。根据材质，分为纸袋和塑料袋 2 种。纸袋由新闻纸、硫酸纸、牛皮纸、旧报纸等做成，塑料袋为各种颜色的方便袋。套袋大小根据果实的大小确定，以不影响果实生长为宜。可将制作的套袋底部剪去一个角，使瓜体蒸腾的水分能散失到空气中，避免袋内积水，以减少病害。一般白皮类型的甜瓜对纸袋透光性要求不严格，各种类型的套袋均可选用；而黄皮类型的甜瓜最好选用透光性好的袋子，否则果皮颜色会变浅。

2. 套袋时间

套袋一般在甜瓜开花授粉后 7 天左右进行，这时果实大约长到鸡蛋大小。套袋过早，容易对幼瓜造成损伤，影响坐瓜；套袋过晚，套袋的作用和效果会降低。套袋前 1 天可在设施内均匀喷一遍保护性杀菌剂。套袋应选择晴天上午 9 时以后，棚室内无露水、果面较干燥时进行，避免套袋后因袋内湿度过大引起病害发生。

3. 套袋方法

应选择坐果节位合适、瓜形端正、没有病虫害的果实进行套袋。套袋前，去除残花，以免感染果实。利用套袋将甜瓜从下向上套至果柄处，然后把袋口向里折叠并封口，用曲别针或嫁接夹等固定，以防纸袋脱落。套袋时需小心，尽量不要损伤果实上的茸毛。并在以后田间劳动中注意保护袋子，以免破损。

4. 脱袋时间

在甜瓜成熟前 5～7 天脱去纸袋，以促进糖分积累，提高果皮耐贮运程度。黄皮品种最好提前 7 天脱袋，以免影响果皮着色。白皮品种，可在甜瓜成熟后随瓜一起摘下，待装箱时把纸袋脱去即可。

第十节　无土栽培技术

无土栽培是现代农业中比较先进的栽培技术，可依据作物生长发育的需要，选择栽培装置，进行环境监测和调控。甜瓜无土栽培是指不用天然土壤只用营养液或者营养液加固体基质栽培甜瓜的模式，西瓜无土栽培尚少，大棚甜瓜无土栽培正逐步推广。近几年在厚皮甜瓜的东进、南移过程中，无土栽培技术发挥了巨大的作用，利用专用装置，采用有机基质培技术，为南方地区栽培甜瓜提供了有效的途径，在早春和秋冬栽培上市，经济效益十分可观。

一、无土栽培模式

应用比较广泛的主要有以下两种。

1. 水培模式

水培是指植物根系直接与营养液接触，不用基质的栽培方法。它的原理是使一层很薄的营养液层不断循环流经作物根系，既保证不断供给作物水分和养分，又不断供给根系新鲜氧气。

2. 基质模式

基质栽培是无土栽培中推广面积最大的一种方式。它是将作物的根系固定在有机或无机的基质中，通过无土栽培滴灌或细流灌溉的方法，供给作物营养液。栽培基质可以装入塑料袋内，或铺于栽培沟或槽内。基质栽培的营养液是不循环的，称为开路系统，这可以避免病害通过营养液的循环而传播。基质栽培缓冲能力强，不存在水分、养分与供氧之间的矛盾，且设备较水培和雾培简单，甚至可不需要动力，所以投资少、成本低，生产中普遍采用。

二、无土栽培技术要点

1. 水质

水质与营养液的配制有密切关系。水质标准的主要指标是指EC值、pH值和有害物质含量是否超过甜瓜种植指标。EC值是溶液含盐浓度的指标，通常用毫西门子每厘米（mS/cm）表示。各种作物耐盐性不同，甜瓜耐盐性较强（EC＝10毫西门子/厘米），无土栽培对水质要求严格，尤其是水培，因为它不像土栽培那样具有缓冲能力，所以许多元素含量都比土壤栽培允许的浓度标准低，否则就会发生毒害作用，一些农田用水不一定适合无土栽培，收集雨水做无土栽培是很好的方法。无土栽培的水，pH值不要太高或太低，一般作物对营养液pH值的要求以中性为好。

2. 营养液

营养液是无土栽培的关键，不同作物要求不同的营养液配方。

目前，世界上发表的配方很多，但大同小异，因为最初的配方来源于对土壤浸提液的化学成分分析。营养液配方中，差别最大的是其中氮和钾的比例。配制营养液时要考虑到化学试剂的纯度和成本，生产上可以使用化肥以降低成本。配制的方法是先配出母液（原液），再进行稀释，可以节省容器便于保存。营养液的 pH 值要经过测定，必须调整到适于作物生育的 pH 值范围，以免发生毒害作用。

3. 基质

基质是具有一定大小的固形物质。基质颗粒大小会影响容量、孔隙度、空气和水的含量。可以根据栽培作物种类、根系生长特点、当地资源状况加以选择。基质必须疏松，保水保肥又透气；具有稳定的化学性状，本身不含有害成分，不使营养液发生变化。基质的化学性状主要指以下几方面。①pH 值：反应基质的酸碱度，非常重要。②EC 值：反映已经电离的盐类溶液浓度，直接影响营养液的成分和作物根系对各种元素的吸收。③缓冲能力：反映基质对肥料迅速改变 pH 值的缓冲能力，要求缓冲能力越强越好。④盐基代换量：是指在 pH 值等于 7 时测定的可替换的阳离子含量。要求基质取材方便，来源广泛，价格低廉。在无土栽培中，基质的作用是固定和支持作物，吸附营养液，增强根系的透气性，是十分重要的材料，直接关系到栽培的成败。基质栽培时，一定要按上述几个方面严格选择。

三、基本栽培条件

甜瓜无土栽培系统必须具备一定的保护设施，如温室、日光温室和大棚等，在这些保护设施内还需安装无土栽培系统，包括栽培槽、栽培基质和灌水设施等。多数无土栽培主要采用基质槽培的形式，起到固定根群和支撑植株的作用，同时为根系生长创造良好的根际环境，可以是硬质材料做成的定型槽（罐），也可以是装满固体基质的塑料薄膜袋。无土栽培基质应选用容重小、化学性质稳定、水气比例协调、酸碱度适当、不含有害物质、缓冲能力较强的材料。适宜的基质有很多，常用基质主要有沙子、蛭石、岩棉、炉渣、泥炭、锯末等，生产者应根据当地的具体情况，选择适合本地区需要的基质。有些基质可单独使用，如沙子、珍珠岩等，有些基质需混合使用，基质使用年限可达 3～4 年。基质每次使用后应进行彻底消毒，配制营养的水要清洁无污染，配方一般先配成三组母液，使用时再按比例混合稀释。无土栽培的温度、湿度和光照管理及茬口安排等与土壤栽培基本相同。

第四章 西瓜、甜瓜棚室高效栽培新技术

第一节 二氧化碳施肥技术

在寒冷的冬季，棚室作物生产时，为了保温需要常使大棚处于密闭状态下，造成棚内空气与外界空气相对阻隔，棚内二氧化碳得不到及时补充。通常情况下空气中的二氧化碳含量在300毫克/千克左右，日出后半小时温室中二氧化碳浓度约为100毫克/千克，而蔬菜作物生长时所需二氧化碳浓度为1000毫升/千克左右。由此可见，保护地蔬菜作物处于缺少二氧化碳的饥饿状态，作物光合作用进行得非常缓慢，严重影响作物的产量和品质，此时增施二氧化碳气肥，不仅有利于蔬菜高产，而且可改善品质，促进早熟。生产上常见的二氧化碳施肥方法有以下几种。

一、增施有机肥

土壤中大量施用有机肥料，不仅可以为作物提供必要的营养物质，改善土壤的理化性质，而且有利于有机物分解释放出大量二氧化碳，这是我国温室增施二氧化碳的常见方法。

二、化学方法增施二氧化碳

即利用碳酸盐与强酸反应产生二氧化碳气体。具体做法：浓硫酸与水按体积比1∶3配制稀释，即先将3份水放入敞口塑料桶内（禁用金属容器），再将1份浓硫酸沿桶壁缓慢倒入水中，随倒随搅。严禁将水倒入浓硫酸中。自然冷却后备用。称取一定量的碳酸氢铵放入较大的塑料容器内，将稀硫酸分次加入，加完为止，经反应产生的二氧化碳直接扩散到棚内。用毕后的废液对水50倍以上直接追肥用。按100米^{3}空间计算，要使二氧化碳浓度达到1000毫克/千克，需用碳酸氢铵350克、浓硫酸110克。一般每40～50米^{2}设置1个罐头瓶或非金属器皿，悬挂在距地1.2米处。早上揭苫后放风前，一次性施放。这也是目前最常用的生产二氧化碳的方法。

三、施固体二氧化碳气肥

目前使用较多的是宁夏宏兴生物工程有限公司生产的"志国"牌双微二氧化碳气肥。使用方法：只需在大棚中穴播，每次每亩10千克，埋深3厘米。棚室内气温达到18℃以上产气量最大，1个月埋施1次。一般每亩棚室一茬作物施用量30千克，增产可达到20%以上。这种方法安全、简单、省工、无污染，是一种较有推广和使用价值的二氧化碳施肥新技术。

四、燃烧释放二氧化碳

通过在棚室内燃烧煤、油等可燃物，利用燃烧时产生的二氧化碳作为补充源。使用煤作为可燃物时一定要选择含硫少的煤种，避免燃烧时产生的其他有害物对蔬菜的影响。

五、物理方法

采用干冰、液态二氧化碳释放气体。干冰是固体二氧化碳，便于定量施放，所得二氧化碳气体纯净，但是成本高，不易贮藏和运输；施放液态二氧化碳必须使用高压钢瓶贮运和施放。

六、二氧化碳施肥注意事项

1. 施肥时期

苗期施二氧化碳，可缩短苗龄，加速发育，壮苗效果十分明显；可提早使花芽分化，提高早期产量。定植后至缓苗前不要施二氧化碳，缓苗后施用时要控制二氧化碳用量，以防植株徒长。一般果菜类在定植至开花阶段，最好不施二氧化碳，待到开花坐果时，特别是果实迅速膨大时，是二氧化碳施肥的最佳时期。

2. 施肥时间

应在每天揭苫后半小时开始施用，保持1～3小时，在通风前半小时停施；施二氧化碳肥以后，根系的吸收能力提高，生理机能改善，施肥量应适当增加，但避免肥水过大造成作物徒长。保护地生产应注意适当增加磷、钾肥，瓜类适当增施氮肥。

3. 施肥期温度、光照的控制

在保护地进行二氧化碳施肥时，作物对温度的要求也相应提高。如二氧化碳浓度达1000毫克/千克时，白天气温应相应提高3～4℃，上半夜温度比正常情况略高些，下半夜则略低些，以提高白天二氧化碳施肥效果。施肥停止后，按正常温度要求管理。应根据天气和光照强弱进行二氧化碳施肥。一般光强时二氧化碳浓度应高些，光弱时二氧化碳浓度应降低，阴雨天停止使用。

第二节　棚室西瓜、甜瓜膜下滴灌技术

滴灌是以色列发明的灌溉技术，目前已在世界各地推广应用，尤其是发达国家应用十分普遍。在我国日光温室内主要是选择膜下滴灌技术，即在滴灌带或滴灌、毛管上覆盖一层地膜。这种技术是通过可控管道系统供水的，首先将水加压，经过过滤设施，再将水和水溶性肥料充分融合，形成肥水溶液，进入输水干管、支管、毛管，再由毛管上的滴水器定时定量滴水供根系吸收。

一、滴灌技术的优点

滴灌既提高了水的利用率，又可避免发生地表径流和渗漏，具有明显的节水保墒效果；减少了肥料的淋失，可实现精准施肥，提高了肥料利用率；可减轻劳动强度，灌水均匀，方便田间作业，节约了劳动成本；有效改善棚内环境，降低空气湿度，减少病害发生；改良土壤理化性状，提高产量，改善品质，增产增效。

二、滴灌系统的构成

单井滴灌施肥系统最常见也最便于操作，由水源、首部控制枢纽、干管、支管、毛管和滴头 6 部分组成，大棚中常用水源有机井水、蓄水池、自来水等，含沙的水源要经过除沙处理。水源一般设在大棚东侧或西侧山墙附近，根据地下水的深浅配置离心泵或潜水泵。首部控制枢纽包括潜水泵、压力罐、过滤施肥器等，分别用于控制水源、施肥、过滤等。

干管是指由水源引向田间的输水管，多使用直径 60 毫米的 PVC 管；支管是指由干管引入菜地的输水管，多使用直径 30 毫米的 PE 管；毛管是指铺设在田间的滴灌管。目前，大棚多采用垄畦种植，毛管被覆盖在地膜下，每行作物铺设一条毛管，毛管与支管用旁通连接。现在普遍采用毛管与滴灌器结合在一起的滴灌带或内镶式滴灌管，安装使用十分方便。

三、滴灌系统对水质及管件的要求

要求井水清亮无泥沙，符合我国农业灌溉用水标准，并根据灌溉面积来确定井、潜水泵、过滤器及其他配套管件的数量、大小、规格等，所需的各种配套物资均须达到国家规定的标准。灌溉时管道内的水压达到 152～203 千帕即可，各滴水孔滴水必须均匀。

四、滴灌系统的设计与安装

1. 首部控制枢纽的安装

先把潜水泵放到机井水面以下 3～5 米处，再把潜水泵的出水管与压力罐的进水管连接好，然后把压力罐的出水管和干管连接好，并把压力罐上的压力表调至 152～203 千帕。注意潜水泵、压力罐、过滤施肥器三者应按水流方向连接。

2. 滴灌管道的铺设

要根据机井的位置和田间蔬菜生产的布局来确定干管铺设的方位，方位确定后将干管埋入地下 50 厘米土层中，并在预定位置用带有球阀的三通将干管引出地面，然后用过滤施肥器把干管与支管连接起来，西瓜、甜瓜定植前再把支管与毛管连接好。注意应将滴灌毛管顺畦间铺于小高畦上，出水孔朝上，将支管垂直方向铺于棚中间或棚头。在支管上安装施肥器，为控制运行水压在支管上垂直于地面连接 1 条透明塑料管，以水柱高度 60～80 厘米的压力运行，防止滴灌带压力过大，安装完毕打开水龙头运行，查看各出水孔流水情况，若有水孔堵住，用手指轻弹一下，即会令堵住的水孔正常出水。检查完毕，在滴灌软管上覆盖地膜以控制棚内株间湿度。

五、滴灌使用技术

1. 滴灌前的准备

先检查滴灌设备是否完好，有故障要及时排除，尤其是过滤器上的滤网要清洗干净。启动后的检查：检查压力是否能够达到滴灌要求，滴水量和滴水速度是否均匀一致。

2. 施肥器的使用方法

施肥方法有三种形式：一是施肥罐法，采用分水器将肥料溶液压入管道；二是文丘里施肥器法，将肥液吸入管道；三是泵侧吸法，在使用离心泵的条件下，在吸水管靠近水泵处接三通细管，将肥料液吸入管道。小型施肥罐和文丘里施肥器的操作十分简单。先将定量的肥料放入罐中，再加入水溶解肥料。然后把施肥器带有滤网的一端放入容器内的肥料水中，关闭罐的进水阀，待棚内全部滴头正常灌水 10 分钟后，打开罐的进水阀、出水阀，调节调压阀，使施肥速度正常、平稳。施肥后还要灌水 20 分钟。使用文丘里施肥器时，将肥料放入敞开的容器中，用水溶解后，调节调压阀把肥液吸入管道。施肥前后都要保持一定时间的滴水。滴水时间的长短要根据土壤墒情、天气状况以及作物不同生长阶段对水分的需求量而定。滴灌时间：滴灌一般在上午 10 时左右进行最好，这样既能满足蔬菜作物对水分的需求，又能促进作物对养分的吸收。

3. 滴灌系统使用注意事项

采用滴灌施肥时，应选用滴灌专用肥或速效性肥料，不能完全溶解的要先滤去未溶解颗粒，再倒入施肥罐。大部分磷肥因不溶于水应基施，氮肥和钾肥可利用滴灌追施。在自配肥料时，要防止微量元素肥料及含钙、镁元素肥料与磷肥结合形成沉淀物。施肥时，待滴灌系统正常运行后，再向施肥罐内注肥，以防止施肥速度过快或过慢造成施肥不均或施肥不足。滴灌系统运行一段时间后，应打开过滤器下部的排污阀排污，施肥罐底部的残渣要经常清洗。每次运行，需在施肥完成后再停止灌溉。施肥是否完成可通过滴灌专用肥的颜色变化来确定，灌溉施肥过程中，若发现供水中断，应尽快关闭施肥罐上的阀门，以防止肥液倒流。施肥后，应继续灌清水一段时间，以防化学物质积累堵塞孔口。每一灌溉季节过后，应将整个系统冲洗后妥善保管，以延长其使用寿命。

六、西瓜、甜瓜滴灌栽培技术

大棚西瓜、甜瓜应选择土层深厚、有机质含量丰富的沙壤土，要求每亩施入5000～7000千克腐熟有机肥、优质复合肥50千克，最好开沟集中施入。软管滴灌栽培以小高畦为宜，畦高20厘米，畦距60～150厘米，畦面宽80～90厘米，畦沟宽60～70厘米，畦南北向，畦面平整，土壤表层颗粒细碎。垄面上再开沟，沟呈“U”形槽，垄面上的“U”形槽两侧铺设好滴灌带。起垄时一定要做到垄面平整，略压实，地膜直接覆在垄面上，用打孔器打孔定植时按不同作物的株距将幼苗定植在“U”形槽两侧。

西瓜、甜瓜滴灌技术水肥管理的一般规律是苗期灌溉施肥的次数较少，生长旺期和盛采期灌溉施肥的次数较多。苗期灌水1～2次，每次灌水4～5米^3/亩。基肥充足时不施肥；基肥不足时，每次施肥2千克/亩（折纯）。在作物开花至坐果生长旺期，逐渐增加灌溉次数和施肥量。在盛采期，5～7天灌水一次，每次灌水8～9米^3/亩，每次施肥3～4千克/亩。除施用氮、磷、钾肥外，还应配合施用微量元素肥料。滴灌施肥量约为习惯施肥量的2/3。在肥料分配上，适当减少基肥用量，加大追肥比例；减少每次追肥量，增加追肥次数。作物生长前期N∶P∶K比例一般为1∶0.5∶1，盛采期N∶P∶K为1∶0.3∶1.2。土壤湿度控制方法是在土壤中安装一组15～30厘米的土壤水分张力计，以观察各个时期的土壤水分张力值，滴水指标以滴水开始点土壤水分张力的对数（pF）表示。在张力计上可直观读出，达到滴水开始点，并结合天气状况、生长势等因素决定是否滴水。西瓜、甜瓜适宜的灌水指标为：营养生长期 pF 1.8～2，开花授粉期 pF 2～2.2，结瓜期 pF 1.5～2，采收期 pF 2.2～2.5。灌水量可用灌水时间控制，并结合天气、植株长势等因素决定灌水时间的长短。平时灌水时间每次 2～2.5 小时。

第三节　秸秆生物反应堆技术

秸秆生物反应堆技术是指在温室或大棚设施农作物生产的低温季节，利用微生物分解发酵废弃的农作物秸秆过程中产生作物生长所需的热量、二氧化碳、有益微生物群、无机和有机养分的技术，是传统技术与现代技术融合产生的农业新技术。

一、秸秆生物反应堆的优势

棚室采用秸秆生物反应堆及疫苗技术栽培甜瓜，较普通栽培具有如下优势：一是农药、化肥用量减少，降低生产成本，增产增效作用显著；二是病虫害明显减轻，生物防治效应显著，甜瓜疫病、枯萎病发病率明显减轻；三是显著提高气温和地温，有效缓解倒春寒的危害；四是能显著提高大棚内的 CO_2 浓度，促进甜瓜的生长发育进程，植株节间短而粗、长势壮、叶片厚，最大限度地提高甜瓜产量和品质；五是有效解决了秸秆的处置问题，改善生态环境，增加土壤肥力，改善土壤结构，降低土壤盐渍化程度，使土壤的理化性状显著提高。

二、秸秆生物反应堆的分类

分为内置式反应堆和外置式反应堆两种、内置式反应堆又分为行下内置式和行间内置式。在作物栽培前将秸秆埋在栽培畦下，称行下内置式反应堆；若将秸秆埋在栽培畦之间，称行间内置式反应堆。外置式反应堆：秸秆堆在温室山墙边上，上盖棚膜，地下预挖沟槽，通过送气带将二氧化碳送到温室内。在我国大部分地区主要以行下内置式反应堆为主。

三、内置式反应堆制作技术

1. 操作时间

在作物定植前10～15天将反应堆建造完成，否则作用表现会错后。

2. 秸秆和其他物料用量

秸秆每亩用3000～4000千克，秸秆不必切碎，但要用干料，种类不限，玉米秸、麦秸、稻草等均可。麦麸每亩120～150千克（缺少麦麸可用玉米糠和稻糠替代，其用量要适当增加），饼肥每亩100～150千克，农家肥每亩4～5米^3。

3. 菌种、疫苗用量

每亩用菌种8～10千克，疫苗3～4千克。

4. 菌种、疫苗使用前的处理

以麦麸为培养基对原菌种进行活化。菌种∶麦麸∶水＝1∶15∶13，混拌均匀，用水量以手握紧料后指缝水悬而不滴为宜。活化时间为10～12小时，菌种活化后如果当天使用不完的，摊放阴暗处，厚度5～8厘米，第二天继续使用。堆放在预先准备好的1块塑料薄膜上10天左右，再平摊8厘米厚于背阴处，5～7天后再用，其间当温度达到50℃时翻堆2～3次。在配制好的疫苗反应堆上，每隔20厘米左右打1个直径4厘米左右的孔，以利于有氧发酵。

菌种和植物疫苗使用时有几点不同：一是应用地方不同，菌种是撒在秸秆上分解秸秆，而植物疫苗是接种在表土层内，由病毒和有益菌两部分组成，防治土传病害和根结线虫；二是菌种可现拌现用，用不完摊放在背阴处第 2 天再用，而植物疫苗要提前处理。

四、西瓜、甜瓜秸秆反应堆的应用

1. 整地施肥

将腐熟的农家肥（以马、牛、羊等草食动物粪肥为好）均匀地撒施于地表，然后翻耕整平待用。

2. 开沟

在栽植行间挖沟，根据畦宽确定沟宽，一般比甜瓜种植行窄 10 厘米，沟深 20～25 厘米。沟长与栽植行等长。

3. 填放秸秆（秸秆不用处理）、菌种

秸秆和菌种的填放有以下两种方式。

（1）将硬质秸秆放底层，渐次放软质秸秆。填放秸秆高度为 1～20 厘米，南北两端让部分秸秆露出地面 10 厘米秸秆茬（以利于往沟内通氧气）。填放秸秆半沟深时踩实，撒入第 1 层活化后菌种，用每沟菌种量的 1/3，然后再放入第 2 层秸秆，踩实后适量加入有机肥，再撒入剩余的 2/3 菌种。一般每畦秸秆用量 50～60 千克。

（2）将秸秆顺沟交错铺放，铺满、铺平、踏实后与地面持平，两端要露出沟外长 10 厘米的秸秆茬。将拌好的菌种按每沟用量均匀撒施在秸秆上，然后用锨拍振，使活化菌种均匀散落在秸秆缝隙内。

4. 覆土浇水

将开沟挖出的土覆于秸秆上，在垄内浇大水湿透秸秆，水面高

度达到畦高的 3/4。但要防止水面过高，以免垄土板结，影响栽种。2～3 天后整平，使秸秆上的土层厚度保持 20 厘米左右。覆土不能太薄，也不宜太厚，否则影响效果及增产幅度。

5. 撒放疫苗

浇水 3～4 天后，将提前处理好的疫苗撒在畦面上，并与 10 厘米表土掺匀，畦面拍打平整做成瓜垄后，最好铺设滴灌软管，或修好膜下灌水沟，随后覆盖地膜。

6. 打孔

浇水后 4～6 天，反应堆已开始启动，这时要沿瓜垄及时打孔，以通气散热，增加二氧化碳的气体排放。孔距 20～25 厘米，孔径不小于 3 厘米，从栽培床两侧向内斜穿，深度要达到秸秆底部。以后每逢浇水后，气孔堵死，都必须再打孔，打孔位置与上次错开 10 厘米。

7. 定植

10～15 天后土层地温稳定在 15℃时进行移栽定植。在第一次浇水湿透秸秆的情况下，定植时不要再浇大水，缓苗只浇小水即可，若墒情足也可不浇水。

五、秸秆反应堆使用注意事项

（1）浇水时不要冲施化学农药，特别要禁冲施杀菌剂，但地面以上可喷农药预防病虫害。

（2）减少浇水次数，整个冬季浇水要比常规次数减少 1～2 倍，一般 20～25 天浇 1 次，浇水坚持不旱不浇的原则。有条件的，用微滴灌控水增产效果最好。

（3）前 2 个月不要冲施化肥，以避免降低菌种、疫苗活性，后期可适当追施少量有机肥和复合肥（以化肥作追肥，每次用量减少 60%以上，结果前以尿素为主，以后可配合氮、磷、钾肥混合使用）。需要注意的是，若原来棚室土壤施肥过量，要少追肥或不追肥。发酵初期地温短时间内可能会偏高，影响根系发育，导致甜瓜植株出现徒长。一旦出现地温偏高现象，就立即向畦面浇水，停止打孔，并加大棚室放风量。

第五章 西瓜、甜瓜病害识别与防治

第一节 西瓜生理障碍及防治

一、苗期生理障碍

1. 幼苗没有生长点

【症状】植株主茎上生长点自然消失，是苗期较常见的现象。无头苗多出现在幼苗出土或分苗后，子叶开张没有生长点或生长点过小不生长，或生长点随幼苗生长未完全暴露时就逐渐萎蔫坏死，形成秃头子叶，生长肥大，颜色浓绿。生长点分化时期、生长点刚长出时、幼苗生长过程中都可受害。

【病因】育苗过程中，地温较高而气温较低，或者某一时段遇到寒冷低温，生长点分化受到抑制，不能正常发育，幼苗出土，子叶开张就见不到明显生长点；幼苗前期生长发育正常，生长点已经露出，由于低温或蹲苗控水过重，表现出生长点很小而不生长；幼苗生长过程中，生长点突然受到冷气流或有毒、有害气体或不恰当施药伤害，生长点停止生长；螨虫在甜瓜幼嫩的生长点周围刺吸汁液，轻者叶片展开缓慢、变厚、皱缩，叶色浓绿，严重的瓜秧顶端叶片变小、变硬，叶缘下卷，致生长点枯死，不长新叶。

【防治方法】①生产上应该加强幼苗时的温湿度管理，适时、适量浇水，特别要注意幼苗敏感期的温度和浇水；②避免药物损伤和有害气体伤害；③防控螨虫等虫害。

2. 僵苗

【症状】植株生长处于停滞状态，新生叶叶色灰绿，叶片增厚，皱缩；子叶和真叶变黄，地下根发黄，甚至褐变，新生白根少。僵苗有别于由叶面肥和农药使用不当所产生的生长点停止生长，叶形变小，叶缘反卷，叶片变厚、皱缩扭曲的症状。

【病因】苗床气温低，特别是土壤温度低；育苗床土质黏重，土壤含水量高，定植后连续阴雨，僵苗发生尤其严重；营养土配制不当；施用未充分腐熟的农家肥，造成发热烧根，或施用化肥较多，土壤中的化肥溶液浓度过高而伤根；定植时苗龄过大，损伤根系较多，或整地、定植时根部架空，影响发根；地下害虫为害根部等均可造成僵苗。

【防治方法】①改善育苗环境，提高地温，促进根系发育；②施用腐熟的有机肥，远离根部轻施复合肥，或喷施叶面肥，防止伤根；③适时适量浇水，以免降低苗床温度和地温，不利根系生长；④加强中耕，高畦定植；⑤移栽前注意炼苗，适时定植，防止定植后遭受低温影响；⑥及时防治蚂蚁等害虫的危害。

3. 飘苗

【症状】即瓜根不下扎，形成弱苗或废苗的现象。幼苗歪斜、瘦弱，甚至倒伏于床面。

【病因】覆土太浅，苗床温度过低；育苗钵装土过多，覆土后土面与钵檐距离过近，浇水时育苗钵不存水，每次浇水只湿润表层土，下层土壤干旱，导致幼苗根部无法下扎。

【防治方法】①床土疏松，适当提高床温，利于扎根；②出现飘苗后及时覆土，提高床温。

4. 高脚苗

【症状】幼苗细高，叶色淡，很柔嫩，茎尖细长。

【病因】苗期氮肥偏多、光照不足、温度和湿度偏高易发生幼苗徒长现象。

【防治方法】①不要偏施氮肥，同时注意磷、钾肥和钙肥的施用，可以液面喷施磷酸二氢钾等叶面肥；②注意苗床温、湿度的管理，出苗后苗床温度以18～25℃为宜，湿度以50%～60%为宜；③如果遇到连续阴雨天气，可以采用人工补光的方式，加强光照。

二、生长期生理病害

1. 生长点萎缩

【症状】节间明显缩短：叶片表现为叶缘不整齐，叶片变小，扭曲变形，叶柄变短，颜色深浅不一，似病毒病；生长点下陷，以致萎缩；生长势衰弱，属于生长势衰弱造成的生长点衰弱，植株一般下部基本正常，但上部叶片变小，茎变细，生长点变小。

【病因】低温冷害；定植时浇水不当，包括浇水过迟、浇水过早、水量不足，导致根系少而浅，或栽植过深，根系不发，或低温下浇水。遇到这种情况，植株定植后生长缓慢，叶片小而少，生长点萎缩或消失；氮、磷浓度过大且缺水，或营养不良，导致“花打顶”。

【防治方法】①对于生长点萎缩的植株，习惯认为是营养不良所致，挽救的方法是加强水肥管理，促进茎蔓生长。②此外“花打顶”是根系受到抑制和损伤的结果，挽救的正确方法是必须先救根，刺激根系恢复和发生，可灌用促进根系发生的5微克/升的萘乙酸。

2. 叶片过早变硬老化

【症状】叶片过早出现变脆、变硬或叶面凹凸不平等老化现象，叶片功能下降。

【病因】①前半夜温度过低，影响光合产物向花和果实的运输，造成光合产物的不断积累，导致叶片老化变硬。②低温条件下，多次施用碳酸氢铵，植株被迫吸收大量铵态氮。西瓜喜硝态氮，地温高时，硝化细菌活性好，土壤能迅速合成硝酸时施用哪种氮都无所谓。但低温较低时土壤不能把铵态氮的一部分转化成硝态氮。铵态氮多时，叶色浓，虽然对植株和果实生长有利，但是此后根系活动弱，吸水受到抑制，同化作用降低，叶片提早老化。③用药频繁或不当引发要害。高温时喷代森锰锌或喷后遇高温，多次使用普力克，或一次药量过大，也会使叶片老化。

【防治方法】①采用三段式变温法管理西瓜。白天提高温度以利于光合作用的进行，前半夜保持适当温度以利于光合产物运输，后半夜降低温度，抑制呼吸作用过度进行。②尽量施用硝态氮，少用铵态氮，并且注意用量。③合理使用农药，注意用药种类和使用方法。

3. 叶片焦边

【症状】植株叶片边缘先失绿，逐渐枯黄，最终呈焦煳状。

【病因】农药浓度过大或喷洒药液过多。农药伤害的叶片边缘呈污绿色，干枯后变褐；在设施内高温高湿的时候突然放风，导致叶片失水过快、过多；过量使用化肥烧苗；土壤积盐严重，植株从土壤吸水困难，在中午蒸腾量大的时候发生萎蔫，一到夜间又恢复，反复几次后则叶缘干枯；细菌性叶缘病也表现为焦边。

【防治方法】①选择适宜西瓜生长的沙壤土种植西瓜；②合理使用化肥，施用时不要烧根；③注意农药的使用方法。

4. 急性凋萎

【症状】初期，中午地上部萎蔫，傍晚时尚能恢复，经3～4天反复以致枯死，根颈部略膨大，无其他症状。该病与传染性枯萎病的区别在于根颈维管束不发生褐变。急性凋萎是嫁接西瓜栽培中常见的现象。嫁接西瓜坐果前后至果实成熟期，如果遇到连续阴雨天气容易发生急性凋萎。

【病因】①砧木选择不当：一些砧木品种与西瓜的亲和性和共生性不良容易发生急性凋萎。②嫁接方法不当：砧木和接穗之间结合面过小，当需要运输大量营养物质时，运送能力不足会发生急性凋萎。此外，劈接法比插接法易发病。③整枝过重，后期没有新的生长点，功能叶不足，根系吸收能力差的植株易发生急性凋萎。④连续的低温弱光是诱发急性凋萎的重要原因。

【防治方法】①选用合适的砧木品种和嫁接方法；②加强管理，注意雨季排水，合理整枝，保证足够的功能叶；③果实膨大期叶面喷施1%硫酸镁可在一定程度上预防急性凋萎。

5. 叶片白化

【症状】基部叶片、叶柄的表面硬化，茸毛变白、硬化、易断，叶片黄化为网纹状，叶肉黄化褐变，呈不规则、表面凹凸不平的白色斑。

【病因】植株体内细胞分裂素类的物质活性降低；过度摘除侧枝，降低了根系的功能。

【防治方法】①适当整枝，控制在第10节以下；②从始花期起每周喷1次1500倍甲基托布津液。

6. 化瓜

【症状】化瓜是指幼瓜在生长过程中停止发育，最后变黄、枯萎、脱落的现象（见图5-1，见彩图）。雌花开放后，子房不能迅速膨大，2～3天后开始萎缩黄化以致干缩或烂掉。

【病因】①肥水管理不当：西瓜在生长期如果肥水管理不当，会使植株营养失调，茎叶发生徒长，造成落花或化瓜，特别是氮肥施用量过大，磷、钾肥不足时，很容易使植株徒长降低坐瓜率。开花结果期，如果水分不足，雌花子房发育受阻，也会影响坐瓜。②植株生长衰弱：因植株生长瘦弱，西瓜子房发育不全或瘦小而降低坐瓜率。③植株徒长：由于不当的源库关系，植株只长秧不结瓜。④开花期遇低温阴雨天气：西瓜开花期间，如果气温较低，影响瓜授粉受精。⑤风害和日灼。⑥病虫危害：由于病虫危害而使幼果受到伤害，也会造成化瓜现象。

【防治方法】①肥水管理上。要控制氮素化肥使用量，增加磷、钾肥，减少浇水次数，以协调营养生长和生殖生长。②采用强整枝、深埋蔓的办法，控制营养生长。③改善田间光照和通风条件，在开花期进行人工辅助授粉，提高坐瓜率，注意病虫害的防治。

7. 畸形果

【症状】主要有扁形果、尖嘴果、葫芦形果、偏头畸形果等（见图 5-2，见彩图）。扁形果是果实扁圆，果皮增厚。尖嘴果表现为果实尖端渐尖。葫芦形果表现为先端较大，而果柄部位较小。偏头畸形果表现为果实发育不平衡。

图 5-1　幼果枯萎

图 5-2　偏头畸形果实

【病因】扁形果是低节位雌花所结的果，果实膨大期气温较低所致；尖嘴果是由于果实发育期的营养和水分供应不足、坐果节位较远所致；偏头畸形果是由于授粉不均匀，受低温影响形成的畸形花所结的果实。

【防治方法】①加强管理。加深耕层，增施有机肥料，保证锰、钙元素的充足供应，促进植株正常生长及根系的发达，以便充分吸收土壤中的锰、钙；不要在太靠近根部留瓜，即要留第 2～3 朵雌花。②人工授粉。这是保证受精、果实中不发生偏籽的重要措施。人工授粉时，撒在柱头上的花粉要均匀，授粉时可以多用几朵雄花给雌花授粉。③适时追肥，防止生长中后期脱肥，并且在多数西瓜乒乓球大时，及时浇水。

8. 裂果

【症状】果皮爆裂，分为田间裂果和采收裂果（见图 5-3，见

图 5-3 果皮开裂

彩图）。

【病因】田间裂果由土壤水分骤变引起，果实发育期迅速膨大也易引起裂果（见图 5-3）。采收时裂果是由果实皮薄，采收振动而引起。果皮薄、质脆的品种易裂果。

【防治方法】①选择不易开裂的品种；②采用棚栽防雨及合理的肥水管理措施；③增施钾肥，提高果皮韧性；④尽量减少对果实的振动等。

9. 日烧果

【症状】果面组织灼烧坏死，形成一个干疤。

【病因】藤叶少、果实暴露时间长的容易发生日烧果。

【防治方法】前期增施氮肥，果面盖草防晒。

10. 肉质恶变果

【症状】拍打果实时发出当当的敲木声。

【病因】①土壤水分骤变降低根系的活性；②叶片生长受阻加上高温，使果实内产生乙烯，引起异常呼吸，导致果肉劣变；③植株感染黄瓜绿斑花叶病毒。

【防治方法】①深沟高畦加强排水；②深翻瓜地，多施农家肥料；③适当整枝，避免整枝过度；④当叶面积不足或果实裸露时，应盖草遮阳；⑤防止病毒传播。

11. 西瓜空心

【症状】西瓜空心是指西瓜果实内开裂形成缝隙或空洞（见图 5-4，见彩图）。无论是普通西瓜还是良种西瓜，空心是最常见的问题之一。

图 5-4　果实内开裂形成空洞

【病因】①坐果时温度偏低。西瓜果实在坐果后先进行细胞分裂，如果坐果时温度偏低，细胞分裂的速度变慢，使果实内的细胞达不到足够的数量，后期随着温度的升高，果皮迅速膨大，而果实内由于细胞数量不足，不能填满果实内的空间而形成空心。②果实发育期阴雨寡照。如果实发育期间阴雨天多，光照少，光合作用受到影响，导致营养物质供应严重不足，影响果实内的细胞分裂和细胞体积增大，而果皮发育需要的营养相对较少，在营养不足时仍发育较快，从而形成空心。③坐果节位偏低。第一雌花结的瓜，因坐果时温度低，授粉受精不良，再加上当时叶面积小，营养物质供应不足，心室容积不能充分增大，以后若遇高温，果皮迅速膨大，也会形成空心。④果实发育期缺水。西瓜果实的发育不但需要充足的养分，而且需要足够的水分，如果实膨大期严重缺水，果实内的细胞同样不能充分膨大而形成空心。⑤过熟采收。西瓜在成熟以后，如不及时采收，营养物质和水分就会出现倒流现象，果实会由于失去水分和营养物质而形成空心。这种现象在果实发育快的品种中更明显。⑥此外，可能还有以下原因：氮素营养过多，叶面积过大尤其是果实前部叶片数过多；成熟期水分过多；三倍体无籽西瓜生长势旺也易空心。

【防治方法】①选择适宜的坐果节位，一般第 2～3 节坐果；②早熟西瓜栽培注意保温，合理安排播种期，使西瓜在适温下坐果并膨大；③防止粗蔓病发生，使同化养分在植株体内顺利运转；④进行人工授粉；⑤为防止植株徒长，采取必要的控长措施；⑥确保果实膨大期间的水分供应，适时采收。

12. 西瓜倒瓤

【症状】西瓜倒瓤就是瓜的根、茎、叶与正常瓜无异，但是瓤质变软，呈现浸润状。

【病因】西瓜转色期浇水后，遇到高温高湿造成“蒸瓜”而致。高温高湿促使乙烯大量积累，呼吸作用加快，导致倒瓤；西瓜开始成熟时，瓜瓤由硬逐渐变软，同时水分和糖分不断增加。倒瓤还与成熟度、品种、栽培季节、瓜的大小及采收时的天气情况等有关。黄瓤品种比红瓤品种易倒瓤，红瓤品种比白瓤品种易倒瓤，各类瓤色品种中又以肉瓤品种比沙瓤品种易倒瓤；瓜皮软的西瓜比瓜皮硬的易倒瓤；在高温下成熟的西瓜比在较低温度下成熟的西瓜易倒瓤，特别是黄瓤品种的适宜成熟度即适熟度的时间范围很小，所以对生产者或经营者来说，都必须更加周密地判断成熟度，以减少倒瓤瓜。同一品种，在同样的栽培条件下，发育良好的较大瓜比同一成熟度但瓜较小的易倒瓤。

【防治方法】①采用滴灌技术，防止浇水过量，棚内湿度过大，结合地膜覆盖，减少水分蒸发，减少浇水次数；②合理施肥，追肥时不要施尿素；③控制好温度，结瓜时温度不要过高。

13. 黄带瓜

【症状】西瓜膨大初期，在瓜的中心部，或结种子的胎座部分，或瓜底部的瓜梗着生处，会出现白色或黄色带状纤维，并继续发展成为黄色粗筋，这种黄色粗筋在正常果实膨大初期很发达，随果实的成熟逐渐消失。但有的在进入成熟期后，粗筋的部分仍然没有成熟变色，残留而形成黄带瓜。

【病因】①瓜瓤局部水分代谢失调。众所周知，植物细胞在膨大期间需大量水分，由于根系或瓜蔓输导组织的某一部分在其结构或功能方面发生异常，致使瓜瓤中水分供应不平衡，缺水部分细胞得不到充分膨大，细胞壁变厚，细胞紧密，形成硬块或硬条带。②施用氮肥过多。当氮素过多时，使某些离子产生拮抗作用，影响了对其他一些营养元素的吸收，造成局部代谢失调。特别是钙和硼元素吸收受到抑制，当这种失调发生在果实膨大过程中，则可使瓜瓤的某一部分形成硬块或硬条带。

【防治方法】①防止出现粗蔓症，氮肥不易施得过多。从幼苗开始应给予充足的光照，确保素质好的花芽。如开花前出现粗蔓，可摘除蔓心，破坏其生长势，也可喷矮壮素，抑制粗蔓发生。②在施足底肥的基础上，用秸秆覆盖地面，以防止土壤干燥，促进植株对钙、硼的吸收。

14. 叶灼症

【症状】叶灼症又称叶烧症，是一种常见的生理病害。得病后，花小不易坐瓜，即使坐瓜也不能很好地长大。表现为在连续降水后出现晴天时，叶面即呈现凋萎状，虽然可以恢复，但叶缘却变褐枯死，如同火烧。如果土壤中缺钙或根系对钙的吸收受阻，叶缘枯死更为严重，且叶的外侧弯曲，呈轻微降落伞状。

【病因】根系不发达或长势弱的地块，在连阴雨后转晴时，因叶面猛然遇到强烈蒸发，散失水分过多，根系吸收的水分不能及时补充，叶片即呈现凋萎状，导致此病害发生。

【防治方法】①选择排水良好的地块作瓜地，保证阴雨时能畅通地排除多余的雨水，使根系的呼吸作用不受影响，天晴时能正常吸收水分；②种瓜前深耕，多施有机肥，促进根系发育，注意施硼肥；③采用地膜覆盖栽培，保持土壤水分适宜，使根系发育良好，能正常吸收水分。

三、缺素症

1. 西瓜缺镁

【症状】镁在植物体内移动性强，再利用的效率高，因而缺镁症状首先出现在老叶上。主要是主脉附近的叶脉间先变黄，然后逐渐扩大，使整个叶片变黄，出现枯死症。

【病因】有些地区或地块的土壤里缺乏镁元素，从而导致瓜类作物缺镁失绿症的出现。

【防治方法】①喷镁肥。及早喷施硫酸镁，每公顷用硫酸镁0.75千克左右，先用少量水溶化，再用750千克清水稀释，于傍晚或下午4～5时以后均匀喷洒在茎叶上。②施硼泥。对缺镁地块，可以底施硼泥，每公顷用165～330千克，硼泥呈碱性，应当与石膏等酸性物质中和后再施入土中。③施硼镁肥。每公顷用50～105千克，作底肥施入土壤中。

2. 缺铁

【症状】缺铁初期，叶脉仍为绿色，以后全叶失绿。

【病因】主要原因是在碱性土壤种植西瓜，土壤中锰、铜、磷过多，阻碍了西瓜对铁的吸收而致。

【防治方法】①土壤pH 6～6.5时，就不能再施入碱性肥料；②要合理灌溉，防止土壤过干过湿；③用0.5%硫酸亚铁水溶液喷洒叶面。

3. 缺硼

【症状】植株新叶停止生长，上部叶片向外卷曲，叶脉萎缩，叶缘褐色，生长点附近节间明显缩短。

【病因】硼元素对西瓜体内碳水化合物的形成和运转起重要作用，并能促进分生组织的迅速生长和生殖器官的正常发育，还能防止多种生理病害，如缺钙症、叶灼症、变形果等。植株缺硼时，根尖和茎的生长点分生组织细胞受害死亡，使根系不发达，茎顶端枯死。土壤干旱时，土壤中水溶性硼的含量减少，影响根系对硼的吸收和根系的生长，导致病变并影响植株对钙的吸收，表现出缺硼缺钙症，因此土壤干旱时易发生缺硼缺钙症。除此之外，有些地块本身可能就缺硼，也会引起缺硼缺钙症。

【防治方法】①及时浇水，提高土壤中可溶态硼的含量，满足植株对硼的吸收，同时促使根系对钙的吸收。②施用硼肥。每公顷用硼酸0.45～1.05千克或硼砂0.75～1.5千克，先用少量水将其溶化，再加清水750千克左右，用喷雾器均匀地喷洒于茎叶上；也可每公顷施有效硼825～1650克，折合硼砂7.5～15千克，最好将硼肥或氮肥混匀，在犁地前底施，不能沟施或穴施，以免局部硼浓度过高而使瓜株中毒。③采用地膜覆盖。实行地膜覆盖栽培，不仅可提高地温，改良土壤结构，能保持土壤湿度及有效硼的含量，促使钙转化为速效态，而且能促进根系生长。

第二节 甜瓜生理障碍及防治

在棚室甜瓜的栽培中由于受土壤成分、光照、温度、湿度、肥料、水分不当等因素影响易出现不同程度的生理病害，对产量、品质、商品价值等有很大影响，给生产带来一定损失。为进一步提高甜瓜产量，促进农民增收。要重视甜瓜生理性病害的发生与防治。

一、苗期生理病害

1. 甜瓜带帽

【症状】甜瓜苗出土时，出现种皮夹住子叶而不脱落的现象，称为“戴帽”。

【原因】种皮干燥，覆土干燥；播种太浅或覆土厚度不够，造成土壤挤压力不足；苗床温度偏低，出苗时间延长；种子成熟度不足，种子不饱满，生活力低；覆盖物揭开过早，种皮脱落前就变干。

【防治方法】床土要细、松、平整；最好浸种；覆土厚度要适宜；戴帽苗刚出土时，如果表土过于干燥，应适当喷点水，或撒一薄层湿润细土，增加温度，确保种皮柔软容易脱落。

2. 甜瓜子叶扭曲

【症状】甜瓜子叶出土时发育不良，子叶表现扭曲，在早春播种时发现较多。

【原因】甜瓜种子发芽的适宜温度为30℃，在适宜的温度条件下发芽，出苗迅速，子叶发育正常，子叶扭曲主要是在出苗时受低温和土壤干燥的影响而引起的。

【防治方法】提高苗床温度和湿度，使种子顺利发芽，防止种子发育异常。甜瓜苗期氯素施用量不宜过多。

3. 甜瓜徒长苗

【症状】徒长苗俗称“疯秧”，即幼苗在短时间内生长速度过快，致使下胚轴细长，子叶和真叶薄而大，根系小而细弱。

【原因】造成秧苗徒长的原因有高温高湿、光照不足、氮肥过多、炼苗少等。在众多的原因中，苗床夜温高、植株拥挤是造成秧苗徒长的主要原因。

【防治方法】首先要调整密度，及时间苗、分苗，改善光照，加强通风，减少灌水，降低湿度和夜温；其次对瓜苗喷施磷、钾肥，如喷施0.2%磷酸二氢钾溶液，可以减轻由于徒长给植株带来的后遗症。

4. 甜瓜苗期沤根

【症状】该病害为生理性病害。幼苗出土后不长新根或不定根，幼根表面开始为锈褐色，而后腐烂。沤根后地上部子叶或真叶呈黄绿或乳黄色，叶缘开始枯焦，生长极为缓慢。

【原因】地势低洼、土壤黏重加之浇水过量或遇阴雨天气，苗床地温过低，致使幼苗根部，活性降低，如此持续时间较长就会发生沤根。

【防治方法】选用土壤通透性好的田园土；施足优质腐熟有机肥或生物肥；采用营养土育苗，播种前浇足底水，出苗后尽量不浇水或少浇水；播种密度不宜过大，出苗后如果出现苗床过湿，可采用小锄划锄或撒施干草木灰，以降低湿度；白天温度控制在20～25℃，夜间15℃，最低应在12℃以上，如果苗床出现沤根，应立即控制浇水，采取各种降湿升温措施；除划锄或撒施干草木灰以外，还可用生石灰降湿除潮。选新烧制的生石灰，分散放入苗床小拱棚内，充分吸潮后，进行更换，但注意生石灰不能与瓜苗直接接触。

5. 瓜苗飘苗

【症状】幼苗歪斜，甚至倒伏于床面，根不下扎，幼苗瘦弱。

【原因】覆土太浅，苗床温度过低，床土过黏。

【防治方法】床土疏松，及时覆土，适当提高床温，利于扎根。

6. 甜瓜苗期冻害

【症状】受到冻害的幼苗，轻者子叶、真叶叶缘发白，呈水渍状，似开水烫伤，造成短时间的生长停滞；稍重者，真叶白色干枯，往往只剩生长点部分，导致长时间不能生长；严重者整株受冻，植株整体黄白干枯。

【病因】冻害多是由于突然冷空气侵袭造成的。

【防治方法】出苗早期通风不宜过早，加强苗床防寒保温和异常气候条件的保护，是防止冻害发生的关键。

二、生长期生理病害

1. 甜瓜植株气体伤害

【症状】叶片出现白斑、褐斑、枯斑，严重时斑点融合成片。

【原因】常见于保护地生火加温产生的一氧化碳、二氧化硫、亚硝酸气害及空气中其他有害毒气所造成的损害。

【防治方法】注意空气流通，及时通风换气。

2. 甜瓜生理性叶枯病

【症状】无网纹甜瓜品种经常出现叶枯症。果实膨大期，在果实着生部位附近的叶缘或叶脉间发生褐色组织枯死并且逐渐扩大，叶枯往往在连续阴雨转晴后养分、水分不足时开始发生。如植株缺镁，叶片上枯死部位不固定，有时在叶缘，有时在叶脉间，有时在叶尖上。

【病因】①土壤干燥。土壤盐分含量过高，根系吸收水分受到阻碍，容易发生叶枯症。②植株整枝过度，抑制了根系的生长，坐果过多，增加了植株负担，加剧了根系吸收和地部水分消耗的矛盾而引起叶枯症。③嫁接不当。甜瓜嫁接栽培时由于砧木选择不当，嫁接技术差，嫁接苗愈合不良，容易引起养分吸收不好等。④土壤中缺镁施用钾肥过多而影响镁的吸收。镁是构成叶绿素的成分之一，缺镁妨碍叶绿素的形成，脉间出现黄化枯萎，所谓缺镁症。

【防治方法】深耕，增施腐熟有机肥料，改良土壤结构，改善根系的生活条件；培育根系发达适龄壮苗，适时定植，生长前期加强土壤管理促进根系的生长；合理整枝，避免整枝过度而限制根系的生长，适当留果以减轻植株负担；嫁接栽培时选择亲和力强的砧木；改进嫁接技术，改善嫁接苗水分吸收和输送条件；当发现植株缺镁症状时，每周以1%～2%硫酸镁溶液喷施1～2次。

3. 甜瓜化瓜

【症状】化瓜是养分不足，或各器官之间相互争夺养分的结果。田间症状表现为雌花开放后，子房黄化，2～3天后开始萎缩，随后干枯死掉（见图5-5，见彩图）。

【病因】是在甜瓜坐瓜期水肥施用量过大，造成植株徒长引起化瓜；授粉不及时或没有授上粉也会化瓜；盛果期密度过大，水肥不足，大瓜采收不及时幼瓜得不到充足养分；棚室温度过高或过低造成养分消耗过大，制造养分过少引起化瓜；此外，病虫伤害、烟雾剂伤害等原因使植株衰弱，也会引起化瓜。

【防治方法】加强田间肥水管理，施足基肥，适时追肥，适时灌水，避免土壤过干、过湿；及时整枝摘心，调节营养生长和生殖生长的矛盾，改善通风透光条件；出现化瓜时，要及时采收成熟瓜，适当疏掉弱瓜，控制水分，叶面喷施叶面肥。

4. 甜瓜裂瓜

【症状】裂果是大棚甜瓜生产中最常见的一种现象（见图 5-6，见彩图）。主要症状为果肉底部开裂，在网纹发生期还有大裂口情况发生，伤口难以愈合，严重影响甜瓜商品品质。

图 5-5　幼果黄化凋萎

图 5-6　果实顶部开裂

【病因】裂果程度因品种而异，有轻有重，主要是由于土壤水分和空气温湿度剧烈变化引起的。一般土壤干旱后突遇暴雨或灌水，特别是刚从井里提出的凉水，容易造成裂瓜。裂瓜的发生还受果实表面硬化程度和吸水量的影响。当晴天光照强烈时，果实表面发生硬化，此时灌水过多，植株吸水后就会发生裂瓜。土壤中缺失硼、钙，引起果皮老化，造成裂瓜激素使用不当如浓度过大易造成裂瓜。营养生长和生殖生长不平衡，瓜秧长势过旺，果实膨大缓慢，致使果皮增厚，容易引起裂果。在植株发生叶枯的时候，会加重裂瓜的发生。因为蒸腾量减少，水分散失少。

【防治方法】合理灌水，注意灌溉时期和灌水量；保护果实附近叶片，防止果实直接暴露在太阳光下，以免果皮硬化；当网纹甜瓜果实在阳光下暴晒时，可用报纸套袋遮阳，防止阳光直射，遮阳还可防止果实表面发生绿斑，使果实美观，在夏季栽培时尤为重要；选用不宜裂果的品种，均衡施肥，其中氮肥施用量不宜过大，某些品种收获期过晚也易发生裂瓜。

5. 甜瓜植株生理性萎蔫

【症状】 同甜瓜生理性叶枯病极为相似，甜瓜果实采收前，在连续阴雨天之后的晴天整株出现萎蔫，中午萎蔫，早晚和阴天恢复，经过数次反复后枯死。

【病因】 本病是随着营养物质向果实分配量增多，向茎叶和根系分配量减少，降低了根的活性而引起的。通常在栽培地土壤为沙壤土（保水性差）、土壤干燥、利用塑料钵育苗，移植时根系发育不良容易发生此病。此外，在强整枝、结果数过多使根的活性降低时也容易发生此病。坐果不良和用南瓜做砧木时发生少。

【防治方法】 采用适宜的养分水分管理、增加侧枝数目、保留适当数量的果实等来维持株势，防止根系老化；采用嫁接育苗，因为嫁接苗砧木黑籽南瓜的根系分布较深。

6. 甜瓜日灼病

【症状】 果实表面向阳面变硬，形成退绿硬斑，呈淡黄色或灰白色革状。

【病因】 天气潮湿时病部常易被腐生菌腐生，产生黑色霉状物。深色皮的品种容易发生日灼病。

【防治方法】 合理密植，用叶、草覆盖在瓜表面防止烈日暴晒。

7. 甜瓜污斑病

【症状】 在果表面中心部位形成大小不同的渗透状白色斑点或斑块。

【病因】 主要是幼果期刺激果面引起，药剂刺激是主要原因。此外，土壤水分及空气潮湿、日照不足、白粉病和蚜虫的分泌物、氮素过剩、植株过分茂盛、坐果数不足等都是产生污斑的原因。严重的时候商品价值下降，但对甜瓜品质影响不大。

【防治方法】防治虫害，控制药剂使用量，采用套袋技术，控制水肥等。

8. 甜瓜黄斑

【症状】白皮无网纹型甜瓜收获时表面发生黄色斑点，斑点发生的部位和大小各不相同，有时几乎布满整个果实称为黄色斑果，失去商品价值。

【病因】在干燥、长势弱的植株上发生较多，属于高温引起的生理障碍。

【防治方法】应根据植株长势，保留适当坐果数，通过合理的水肥管理来促进根部发育，维护植株的健壮生长。

9. 甜瓜发酵瓜

【症状】甜瓜果实出现发酵果有两种情况：一种是果实生理成熟后，胎座部分逐渐发酵产生酒味和异味，主要是采收时成熟度过高，如果梗自然脱落或采收过程中受挤压组织损伤易产生发酵果，薄皮甜瓜发生较多，特别是品质好、糖分高的品种更易发生；另一种发酵果是由于缺钙所致，其症状是果实表皮大部分发生水渍状，果实细胞间很早就开始败坏，从瓜内开始出现水浸状，继而发酵，发出臭味，腐烂。

【病因】与钙的吸收和输送有关，在多氮、多钾的土壤中，钙的吸收会受到阻碍，在果实缺钙的情况下，果内细胞间很早就开始败坏，变成发酵瓜；与高温、干旱、根量不足、生长势弱有关；坐果期特别是后期持续高温，加上土壤缺水，氮肥过剩等原因也容易形成发酵瓜。

【防治方法】注意生育期氮、钾肥的合理施用；在果实膨大期，不要为了使果实快速生长，盲目地提高棚室的温度；避免为促早熟果，对土壤进行过于干旱的管理，植株要保持一定的生长势，促使果实膨大并推迟果实成熟。

三、甜瓜缺素症

1. 缺氮症

【症状】植株矮小，长势弱，茎秆细弱，由下位叶到上位叶逐渐变黄；开始叶脉间黄化，叶脉凸出可见，呈浅绿或黄绿，失绿色泽一致。果实多数为小果；植株生长发育不良，产量下降。

【病因】土壤有机质少，有机肥施用量低，大量未腐熟的作物秸秆或有机肥施于土壤，分解时夺取土壤中的氮；土壤保肥能力差，浇水或露地栽培氮易被淋失；沙土、沙壤土常缺氮；低温期以施用有机肥为主时肥料分解慢，以致供氮不足。

【防治方法】增加土壤有机质，施肥标准为出现缺氮症状，可施用些速效氮肥，也可叶面喷施氮肥溶液；施用氮肥时应注意，结瓜株平均每株吸收氮 5 克，施肥基准应为 12 克；甜瓜吸收氮的高峰期是在授粉后 2 周，以后迅速下降，施底肥时应注意；施用完全腐熟的有机肥，提高地力；低温期施肥在早施的同时应配合施用速效肥；生长发育后期注意少施或不施肥，以确保甜瓜的品质。

2. 缺磷症

【症状】叶片小，叶色浓绿，叶片手感硬脆，严重时下部叶片有不规则退绿斑出现。

【病因】低温条件下根系不能正常生长，影响了磷的吸收；低温条件下土壤中有机磷分解和释放缓慢，导致磷的吸收减少，特别是在生育初期叶色浓绿，且叶片小，缺磷的可能性大；甜瓜对磷的吸收高峰是在果实膨大后期，所以生育初期磷的有效供应就显得很重要。

【防治方法】磷肥施用宜早不宜迟，甜瓜苗期需磷肥多，因此应在定植前计划好磷素的施用；施用磷肥时应注意，每棵结瓜株磷素的吸收量一般为 2 克，应该按 16 克的基准施肥；除了施用磷肥外，还要预先改良土壤，将磷肥与有机肥一起堆沤腐熟后施用；土壤含磷量在1500毫克/千克以下时，施用磷肥的效果显著；甜瓜苗期特别需要磷肥，应施用足够的优质有机肥。

3. 缺钾症

【症状】生育初期缺钾，先由叶缘开始，叶缘失绿并干枯，严重的叶脉间失绿；在生育的中、后期，中位叶附近出现和上述相同的症状，叶缘枯死，随着叶片不断生长，叶向外侧卷曲。其症状在品种间的差异显著。缺钙症状首先出现在上位叶，叶缘完全变黄时多为缺钾，应加以区分。

【病因】甜瓜对钾的吸收量是氮肥的1～2倍，对连年种植的地块，虽然同时施入等量的氮、钾肥，但是钾越来越少，并在甜瓜生长后期出现缺钾症状；土壤过干过湿，氧气减少，根系活性下降，钾吸收能力降低；在沙性土壤栽培甜瓜时易出现缺钾症。

【防治方法】施用足量的钾肥，特别在生育的中、后期，注意不可缺钾；每株甜瓜对钾的吸收量平均为7克，确定施肥量时要考虑这一点，每亩可一次追施速效钾肥3～5千克；施用充足的优质有机肥料；缺钾时也会影响铁的移动、吸收，因此补充钾肥的同时，应该补铁，两者同时进行，可用0.3%～1%硫酸钾、氯化钾喷施，或施用生物钾肥等，及时补充速效钾。

4. 缺镁症

【症状】在生长发育过程中，下位叶的表面异常，叶脉间的绿色渐渐变黄，进一步发展，除了叶缘残留一点绿色外，叶脉间均黄化。品种间发生程度、症状有差异。生育初期，结瓜前，发生缺绿症，缺镁的可能性不大，可能是在保护地里由于覆盖，受到气害所致；注意缺绿症发生的叶片所在的位置，如果是上位叶发生缺绿症可能是其他原因所致；缺镁的叶片不卷缩，如果硬化、卷缩应考虑其他原因。症状发生在下位老叶上，致使下位叶机能降低，不能充分向上位叶输送养分时，其稍上的上位叶发生缺镁症；缺镁症状与缺钾症状相似，区别在于缺镁是从叶内侧失绿，缺钾是从叶缘开始失绿。

【病因】由于施氮肥过量造成土壤酸性，影响镁肥的吸收；或钙中毒造成碱性土壤，也会影响镁的吸收，从而影响叶绿素的形成，造成叶肉黄化现象；低温时，氮、磷肥施用过量，有机肥不足也是造成土壤缺镁重要原因；根系损伤对养分的吸收量下降，引起最活跃叶片缺镁现象也是不容忽视的；土壤中含镁量低的沙土、沙壤土，未施用镁肥的露地栽培地块易发生缺镁症。

【防治方法】增施有机肥，合理配施氮、磷肥，配方施肥非常重要，及时调试土壤酸碱度改良土壤，避免低温；如缺镁，在栽培前要施足够镁肥；注意土壤中钾、钙的含量，保持土壤适当的盐基水平，补镁的同时应该加补钾肥、锌肥，多施含镁、钾肥的厩肥，叶片可喷施1%～2%的硫酸镁和螯合镁、螯合锌等。

5. 缺硼症

【症状】植株新叶停止生长，上部叶片向外卷曲，叶脉萎缩，叶缘褐色，生长点附近节间明显缩短，果皮组织龟裂、硬化。植株根部表现为，主根顶端死亡，侧根密生，根系呈短茬状。

【病因】一般来说，大田作物改种植甜瓜后容易缺硼。多年连茬种植甜瓜或有机肥不足的碱性土壤和沙性土壤，施用过多的石灰降低了硼的有效吸收，以及干旱、浇水不当、施用钾肥过多都会造成硼缺乏。缺硼时，并不对钙吸收量产生直接影响，但缺钙症伴有缺硼症。

【防治方法】改良土壤，及时浇水，提高土壤中可溶态硼的含量，满足植株对硼的吸收，同时促使根系对钙的吸收；及时补充硼肥，如冲施持效硼，叶面喷施0.1%～0.2%硼砂或硼酸液。也可每公顷施硼砂7.5～15千克，最好将硼肥或氮肥混匀，在犁地前底施，不能沟施或穴施，以免局部硼浓度过高而使瓜株中毒。注意配置时先将硼砂置于60～70℃水中溶解后，再稀释至规定浓度。还可实行地膜覆盖栽培，不仅可提高地温，改良土壤结构，能保持土壤湿度及有效硼的含量，促使钙转化为速效态，而且能促进根系生长。

6. 缺钙症

【症状】甜瓜缺钙时，植株细弱，叶片向外部卷曲，上部新叶黄化，缺钙严重时茎蔓顶端变褐枯死。薄皮甜瓜在果实膨大期，病斑产于果面，初期呈水渍状暗绿色，逐步发展为深绿色或灰白色凹陷，成熟后斑点褐变不腐烂。高温干旱年份高糖品种钙不足会发生果实内部糖酵解，产生发酵瓜（俗称“水瓤子瓜”），直接影响产量和商品性。

【病因】可能土壤中不缺钙，但是连续多年种植甜瓜的棚室，过量施用氮、磷、钾肥会造成土壤盐分过高，从而引发缺钙现象发生；干旱时，土壤浓度高，根系吸水减少，抑制了钙的吸收，造成甜瓜成熟时体内糖分不均衡分布，糖转化失调，造成缺糖部位木栓化不转色的凹陷斑；结瓜节位低、长期连作和盐渍化障碍、高温、干旱和旱涝不均的管理也是影响钙吸收的主要原因；根系分布浅，生育中后期地温高时，易发生缺钙。

【防治方法】因地制宜地选择亲和力好、适宜薄皮甜瓜嫁接的砧木品种至关重要；增施有机肥，增加腐熟好的腐殖质含量高的松软性肥料，加强土壤透气性，改变根系的吸收环境；调节土壤pH值至中性，酸性土壤条件下及时补充石灰质肥料；应避免一次性过量施用氮肥和含有隐性氮肥的复合冲施肥；适当保持土壤含水量，保证水分供应均衡，防止土壤干湿骤变；开花坐果期应注意复合肥的施用，供给足量钙肥的同时，适量施入含硼、镁、锌、铁等微量元素的复合肥。

7. 缺铁症

【症状】植株新叶缺铁初期叶脉仍为绿色，以后全叶失绿，继而腋芽亦呈黄化状；此黄化较为鲜亮，且叶缘正常，整株不停止生长。

【病因】由于铁在植物体内流动性很小，老叶中的铁很难再转移到新生组织中，所以一旦缺铁，失绿症会首先出现在幼嫩叶片上；及时补铁，则于黄化叶上方会长出绿叶；碱性土、磷肥过量、土壤过干过湿以及温度低等情况下，均易发生缺铁。

【防治方法】 土壤 pH 值应在 6～6.5 之间，防止碱化；注意调节水分，防止过干过湿；发生缺铁症时应用 0.1%～0.5%硫酸亚铁水溶液喷洒叶面。通常叶面喷施含铁肥料效果较好，从而能有效预防和快速矫治各种植株缺铁性失绿症，调节植株处于最佳营养状态，并大幅度提高产量和品质。

第三节 西瓜、甜瓜病害的识别与防治

一、西瓜、甜瓜猝倒病

本病是西瓜幼苗期的主要病害，发生普遍，可造成大片幼苗死亡。南方发病重于北方。

【症状】 种子出苗前发病造成烂种。苗期多在子叶展开、真叶尚未抽出时发病。受害幼苗茎基部产生水渍状病斑，接着病部变黄褐色，缢缩成线状。病害发展迅速，在子叶尚未凋萎之前幼苗即猝倒。有时幼苗外观与健康苗无异，但贴伏在地面而不能挺立，可看到其茎基部已收缩似线条状。在育苗床以发病苗为中心，不断向四周蔓延扩展。湿度大时，在病部及其周围的土面长出一层白色毛状霉层（见图5-7，见彩图）。

图 5-7 幼苗猝倒，病部出现白色毛状霉层

【发病规律】 本病病原菌为腐霉属中的瓜果腐霉菌。病菌以卵孢子在表土层越冬，并在土中长期存活。第二年春季，遇有适宜条件卵孢子或菌丝体上形成的孢子囊萌发产生游动孢子，以游动孢子或直接长出芽管侵入寄主。一般夜间凉爽，阴雨天气多，光照不足，田间湿度大时有利于病害的发生。土壤温度在 10～15℃时，病菌繁殖快，30℃以上时受到抑制。

当幼苗子叶养分基本用完，新根尚未扎实之前是感染该病的时期，遇有雨、雪、连阴天或寒流侵袭，则发病较多。

【防治方法】

（1）物理防治　苗床地应选非重茬地、土壤通透性良好的田块。大棚苗床和营养土育苗必须选用无病菌新土；改善育苗的环境条件，在早春最好采用电热温床或生物酿热温床育苗，以缩短苗期时间；苗床还要尽量多地增加光照，并且要通风、降湿，尤其在连续阴天、光照不足时更要抓住时机通风降湿；其次苗床要早分苗，使苗健壮，提高抗病力。

（2）药剂防治　①种子消毒：种子先用50～55℃温汤浸种1小时左右，然后用75%百菌清可湿性粉剂，或50%扑海因可湿性粉剂拌种。②苗床及营养土的消毒：可用50%福美双可湿性粉剂或50%多菌灵可湿性粉剂或25%甲霜灵可湿性粉剂或五代合剂（用五氯硝基苯、代森锌等量混合），每平方米苗床8～10克，与15～25千克细干土拌匀成药土，待苗床所浇底水渗下后，取1/3药土作垫土铺底，种子播下后再将其余2/3药土覆在种子上，播后保持床面湿润，以免发生药害。③发现病苗应立即拔除，并喷洒72.2%普力克水剂400倍液，或70%代森锰锌可湿性粉剂500倍液，或15%恶霉灵水剂1000倍液等药剂，每平方米苗床用配好的药液2～3升视病情发展情况，间隔7～10天喷药1次，连续2～3次，交替喷施。④灌根也是防治猝倒病的有效方法，于发病初期用根病必治1000～1200倍液灌根，同时用72.2%普力克400倍液喷雾。

二、西瓜、甜瓜立枯病

【症状】刚出土的幼苗和大苗均可发病，主要为害茎基部或地下根部。病苗茎基部变褐，产生椭圆形病斑，叶片萎蔫不能复原，最后病部收缩干枯，病苗枯萎死亡，但病苗不呈猝倒状（见图5-8，见彩图）。早期与猝倒病不易区别，病部有同心轮纹及淡褐色蛛网状菌丝，并且病程进展较慢，这个特点是本病与猝倒病相区别的主要特征。

【发病规律】本病病原为立枯病丝核菌病菌以菌丝体和菌核在土中越冬，能存活 2～3 年。菌丝能直接侵入寄主，通过水流及带菌的堆肥传播为害。病菌生长适温为 24℃。播种过密，间苗不及时，温度过高，易诱发此病。

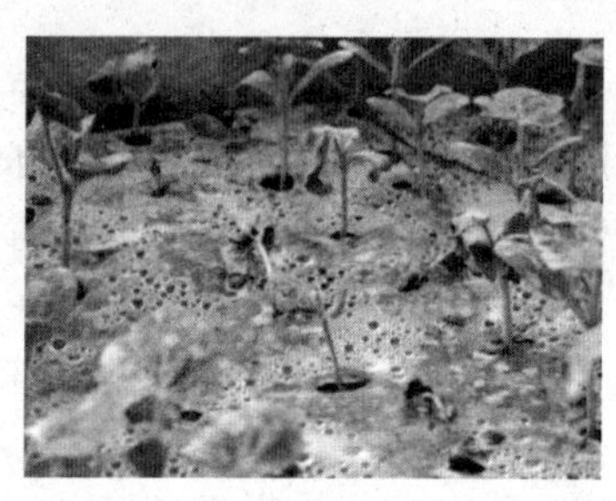
图 5-8 幼苗茎基部变褐，并枯萎死亡

【防治方法】

（1）物理防治　参考猝倒病的防治。

（2）药剂防治　发病初期亦可喷洒 20％甲基立枯磷乳油 800 倍液、70％甲基托布津 800 倍液、64％杀毒矾可湿性粉剂 500 倍液或 25％瑞毒霉可湿性粉剂 600～800 倍液、72.2％普力克水剂 800 倍液、15％恶霉灵（土菌消）水剂 450 倍液，或 12％绿乳铜乳油 600 倍液等药剂。喷药应在上午进行，中午温度高时应排风降低苗床湿度，隔 7～10 天喷 1 次。如病苗严重要及时拔除病株。

三、西瓜、甜瓜枯萎病

西瓜、甜瓜枯萎病又称萎蔫病，是典型的土壤传播病害。在甜瓜整个生育期均可发病，尤以结果中期为发病高峰期，对甜瓜品质、产量影响很大。

【症状】枯萎病在田间有猝倒型、侏儒型、萎蔫型三个类型。苗期发病症状是叶脉发黄、子叶萎蔫下垂，严重时幼苗僵化，甚至枯萎死亡。成株发病初期植株白天萎蔫，早晚可恢复正常，但持续数天后，萎蔫加重，最终全株枯死（见图 5-9，见彩图）。茎蔓发病，基部变褐，茎皮纵裂，常伴有树脂状胶汁溢出，干后呈红黑色（见图 5-10，见彩图）。典型症状是当产生枯萎病时，剖视维管束，可看到明显变褐，这是病菌的菌丝体、分生孢子侵入组织并分泌毒

图 5-9　植株枯萎死亡

图 5-10　茎皮纵裂，有树脂状胶汁溢出

素所致。后期病株皮层剥离，木质部碎裂，根部腐烂仅见黄褐色纤维。在潮湿情况下，病部产生白色或粉红色霉状物。

【发病规律】病菌以菌丝体、厚垣孢子和菌核在土壤中、病残体和未腐熟的肥料中潜伏，在土壤中可存活多年。种子也可带菌。土壤中病菌可存活 5～6 年，主要从根茎的伤口及自然孔口（如气孔、水孔等）侵入。发病的主导因素是温度、湿度，温度在 8～34℃时均可发病，24～32℃是侵染的最适温度，而苗期在 16～18℃时发病最多。病害的发生与土壤性质、灌水、施肥等措施有密切关系。连作重茬的瓜地易发生枯萎病，随着连作年限的延长，病害逐年增加。浇水量大、次数多，使田间湿度大或积水，也易发病。另外，微酸性土壤及偏施氮肥，更有利于发病，枯萎病可耐 pH 2.3～9 的酸度，最适 pH 4.5～5.8。

【防治方法】

（1）物理防治　与非瓜类作物实行 3～5 年轮作；选用抗病的甜瓜或白籽南瓜作砧木嫁接；选用抗病品种，采取高垄栽培，地膜覆盖，增施、磷钾肥，施用腐熟有机肥。

（2）药剂防治　种子消毒，用 40%福尔马林 150 倍液浸种 1.5 小时，用清水冲洗后催芽播种；在 4 叶期用抗枯宁，每支加水 25 千克灌根，每株灌药 200 毫升，以后每隔 7～10 天灌一次；发病初期还可用 50%代森铵水剂 1000 倍液叶灌根。

四、西瓜、甜瓜蔓枯病

蔓枯病又叫黑斑病、黑腐病。

【症状】 为真菌性病害。病菌主要为害根茎基部、主蔓与侧蔓分枝处及叶柄。茎蔓发病，病斑初呈水渍状、灰绿色、棱形或条形，并不断向上蔓延，逐渐形成黄白色椭圆形凹陷斑，造成幼茎失绿缢缩，严重的全株枯死（见图 5-11，见彩图）。发病部位有时会分泌出黄褐色或赤褐色或黑红色胶状物（见图 5-12，见彩图）。病斑后期散生黑色小粒点。叶片上发病，初期病斑出现于叶缘，并逐渐扩展成不规则扇形，微带黄褐色干枯。果实上初期产生水渍状病斑，后期病斑中央变成褐色坏死，褐色部分呈星状开裂。

图 5-11 茎蔓发病，不断向上发展

图 5-12 发病部位有黄褐色或赤褐色或黑红色胶状物流出

【发病规律】 高温高湿环境中最容易发病，病菌发育温度为5～35℃，最适温度为 20～24℃。种植密度大、茎叶郁蔽、通风不良等均易使病害流行。病菌以分生孢子及子囊壳随病残体在土壤中潜伏。种子表皮也可带菌，病菌靠空气和水传播，由茎的节间、伤口、叶缘的水孔等侵入。

【防治方法】

（1）物理防治　选用抗病品种；注意轮作倒茬，减少土壤传播病源；清除病残体；合理密植，加强水肥管理，重施基肥，控制氮肥，增施磷、钾肥，加强大棚通风。

（2）药剂防治 种子消毒，用相当于种子重量0.3%～0.4%的50%多菌灵粉剂拌种，进行种子处理，防止种子带菌；发病后可用70%代森锰锌600倍液，或80%大生400倍液，或灭枯威800倍液，或庄园乐水剂300倍液喷雾，每7天1次，连续4～5次。另外，将代森锰锌调湿涂抹于患处也有一定效果。

五、西瓜、甜瓜炭疽病

【症状】苗期至成株期均可发病，叶片和茎蔓受害重。为害植株的子叶、真叶、叶柄、茎蔓及果实。受侵染的果实，遇见潮湿环境则大量腐烂，不能食用。苗期茎基部染病变成黑褐色，且收缩变细，导致幼苗猝倒。叶部病斑，初为圆形淡黄色水渍状小斑，后变褐色，边缘紫褐色，中间淡褐色，有同心轮纹和小黑点，病斑易穿孔，病斑直径约0.5厘米，外围常有黄色晕圈。叶柄和蔓上病斑梭形或长椭圆形，初为水渍状黄褐色，后变黑褐色（见图5-13，见彩图）。果实受害，初为暗绿色油渍状小斑点，后扩大成圆形、暗褐色稍凹陷病斑，空气湿度大时，病斑上长出橘红色黏状物，严重时病斑连片，果实腐烂。

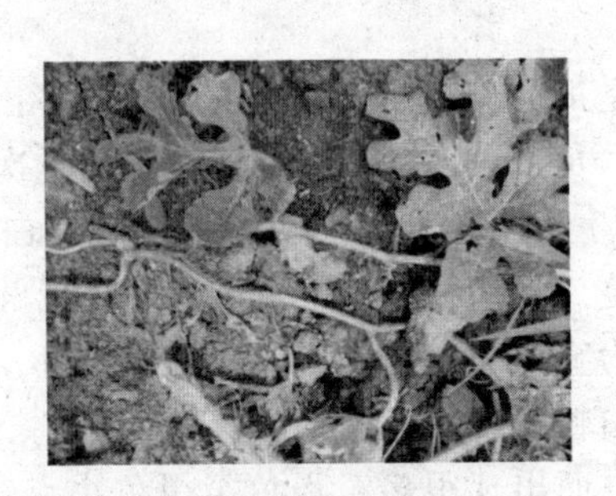

图5-13 叶柄和蔓上出现梭形或长椭圆形黑褐色病斑

【发病规律】本病病原属半知菌亚门炭疽菌，为真菌性病害。

病菌以菌丝和拟菌核附着于寄主的残体上遗留在土壤中越冬，种子也能带菌，其种子上的病菌可存活 2 年。在适宜条件下，病菌依靠雨水或灌溉水的冲溅传播，直接从寄主表皮侵入，近地面的叶片首先发病。湿度大是诱发此病的主要因素，在持续 87%～95%的相对湿度下，潜伏期 3 天，湿度愈低，潜伏期愈长，发病较慢。在 10～30℃温度下均能发病，24℃温度下发病最重。pH 5～6 的酸性土壤有利于发病。低温多雨年份、施氮肥过多、排水不良、通风透光差以及连作地块发病都比较严重。果实在贮存过程中，当贮存环境湿度过大，且采摘的果实带菌时，很易发病腐烂。

【防治方法】

(1) 物理防治　实行 3～5 年轮作，选用抗病品种；采用配方施肥技术，施用充分腐熟的有机肥；注意平整土地，防止田间积水，雨后及时排水，合理密植；瓜类作物收获后要及时清除病残体等。

(2) 药剂防治　苗床土壤消毒和种子消毒参照猝倒病的防治；发病初期可用 10%世高水分散颗粒剂 1500 倍液、40%炭疽清 1500 倍液、75%百菌清可湿性粉剂 500～700 倍液，或 80%代森锰锌可湿性粉剂 700 倍液，或 50%甲基托布津可湿性粉剂 600～800 倍液，间隔 7～10 天喷 1 次，共喷药 2～3 次。

六、西瓜、甜瓜白粉病

瓜类白粉病是瓜类作物发生较重的一种病害，在我国南、北方均有发生。甜瓜、黄瓜、西葫芦最易感病，西瓜次之。

【症状】多在生长中后期发病，秋茬瓜易发白粉病。主要为害叶片、叶柄和茎蔓。发病初期叶片上产生白色近圆形小粉斑，以后向四周扩散，成为直径 1 厘米左右的白霉状病斑。条件适宜时病斑连片，叶面布满白粉状物（见图 5-14，见彩图）。以后白色粉状物转变成灰白色，进而出现很多黄褐色至黑色小点，叶片枯黄变脆，一般不脱落。

【发生规律】本病病原属瓜类单囊壳和葫芦科白粉菌，为真菌性病害。以闭囊壳在病株残体、土壤中越冬或以菌丝体在温室瓜株

图 5-14 叶面布满白色粉状物

上越冬，来年开春越冬的菌源产生分生孢子并借雨水、昆虫、气流传播，种子不传病。在无水或低湿度下也能萌发侵入。即使在干燥条件下白粉病也可以发生，白粉病发生的温度范围较宽，病菌产生分生孢子的适温为 15～30℃，相对湿度为 90%～95%。生产上高温干旱与高温高湿交替出现，并且有大量病源时容易暴发。栽培管理粗放，施肥不足，或偏施氮肥，浇水过多，植株徒长，枝叶过密、通风不良，以及光照不足等均有利于白粉病的发生。

【防治方法】

（1）物理防治 ①以选用抗病品种为主，合理轮作，与禾本科作物实行 2～3 年以上轮作。②加强栽培管理：科学施肥，合理密植，旱时做好灌溉，涝时做好排水，增强植株抗病力，减少浸染菌源，避免过量施用氮肥，增施磷、钾肥，清除病残组织。③设施消毒：在棚室内栽培时，种植前要用 45%百菌清烟剂或硫黄按照说明熏棚，烟漫 6～8 小时后开启通风口（大多在晚上施放，翌晨开膜），同时要严格按照操作要求执行，以防产生药害。④采用 27%高脂膜乳剂 80～100 倍液，于发病初期喷洒，叶面上形成薄膜，可防止病菌侵入，起到防病效果。

（2）药剂防治 可选用 15%粉锈宁可湿性粉剂 1000～1500 倍液或粉锈宁乳油 1500～2000 倍液，相隔 15～20 天喷 1 次，防治效果明显。也可用 40%敌唑酮可湿性粉剂 300～4000 倍液、30%敌菌酮 400 倍液，或用 50%甲基托布津可湿性粉剂 1000 倍液或 50%乙基托布津可湿性粉剂 500～800 倍液、多硫磷 1000 倍液，每隔 7～10 天喷 1 次，每公顷喷药 900 千克左右。

七、西瓜、甜瓜霜霉病

霜霉病，俗称“跑马干”。本病菌对甜瓜、黄瓜侵害特别重，而西瓜很少发病。

【症状】本病病原为鞭毛菌，为真菌性病害，病菌主要为害叶片。发病初期，叶片出现水渍状退绿小斑点，病斑扩大后受叶脉限制成多角形，病斑黄色，并由黄色变成淡褐色，再变成灰褐色（见图5-15，见彩图）。在潮湿环境下，叶背面病斑上产生极稀疏的淡灰色或灰色霉层。发病后病叶症状从基部向上迅速扩展，病叶很快焦枯卷缩，似火烧样。由于叶部受害，使果实瘦小，品质变劣。

图5-15 叶片出现水渍状退绿小斑点

【发病规律】霜霉菌是专性寄生菌，可始终存活在田间或保护地内发病植株上。病原菌以卵孢子随病残体潜伏在土壤中，借助雨水、气流等传播，由叶片气孔侵入到植株体内。高湿是发病的有利条件。适宜的侵染温度为20～24℃。相对湿度高于83%，叶面有水珠时极易发病。栽植密度过大、茎叶郁蔽、光照不足、通风不良、地势低洼及氮肥多而磷不足等，均有利于病菌的传播和生长。

【防治方法】

（1）物理防治　与禾本科作物实行3～5年轮作，选择抗病性强的品种，合理施肥，及时整蔓。采用覆膜栽培，生长前期适当控水，高垄栽培，以控制湿度。地膜下渗浇小水或滴灌，节水保温，以利降低棚室湿度。

（2）药剂防治　发病初期应及时喷洒75%百菌清可湿性粉600倍液、80%代森锌可湿性粉400～600倍液、64%杀毒矾可湿性粉剂500倍液进行预防，还可用75%达克宁可湿性粉剂或72.2%普力克或58%雷多米尔·锰锌可湿性粉剂500～800倍液，或72%杜邦克露可湿性粉剂800～1000倍液，每隔5～7天喷1次，连续3～4次。田间防治应注意多次喷药，喷药后要结合放风，降低棚内湿度，可收到较好的防效。

八、西瓜、甜瓜叶枯病

叶枯病又称早疫病、褐斑病、轮纹病，除危害西瓜、甜瓜外，还可以侵染南瓜等葫芦科作物。

【症状】叶片、果实和茎蔓均可受到侵染，但以叶片受害为主。子叶受害时多发生在叶缘，初为水浸状小点，后扩展成浅褐色至褐色、近圆形的病斑。真叶上长出褐色小斑点，周围有黄色晕，开始多在叶脉之间或叶缘发生。病斑近圆形，直径0.1～0.5厘米，有微轮纹。病斑很快接合成大片，致叶片焦枯。果实染病的症状与叶片类似，病菌可侵入果肉，导致果实腐烂。此病与枯萎病的最大区别就是瓜蔓不枯萎，而仅瓜叶枯死。

【发病规律】本病病原为半知菌亚门链格孢菌，为真菌性病害。病菌主要以休眠菌丝体及分生孢子在种子和其他寄主上越冬，成为翌年的初侵染来源。病菌的分生孢子借气流、昆虫或雨水传播，形成再侵染，病害可很快传播蔓延。病菌在28～32℃生长发育快，分生孢子在湿度为85%时，萌发率可达90%以上。坐瓜期遇25℃以上气温及高湿环境易造成病害流行，特别是浇水或风雨过后，病害常会迅速蔓延。此外，种植过密、通风不良、植株长势弱时发病较重。

【防治方法】

（1）物理防治　加强管理，轮作倒茬，增施有机肥，提高植株抗病力；避免大水漫灌，早期发现病叶及时摘除；采用膜下滴灌技术防止设施内湿度过大，深耕翻土减少越冬病源，清洁田园以减少菌源。

（2）药剂防治　种子消毒：用相当于种子重量0.3%的75%百菌清可湿性粉剂，或50%扑海因可湿性粉剂拌种，也可用40%福尔马林300倍液闷种2小时，清水冲洗后播种；发病初期应及时喷施75%百菌清可湿性粉剂600倍液，或58%甲霜灵·锰锌可湿性粉剂500倍液，或50%甲基托布津可湿性粉剂600～800倍液，或10%世高水分散颗粒剂3000～6000倍液等，或50%扑海因可湿性粉剂1500倍液，或50%速克灵可湿性粉剂1500倍液，每7天1次，连续2～3次。如果喷药后遇到大雨则要补喷。

九、西瓜、甜瓜病毒病

病毒病又称花叶病、小叶病，为全株带毒系统性病害。病毒病近年呈上升趋势，已成为生产上普遍发生的一种重要病害，一般因病毒病造成的损失在20%～30%。早期感病，可造成不结瓜，或结畸形瓜，对产量影响很大。由于生产上对蚜虫防治不及时，致使病毒病大量发生。

【症状】 病毒病症状首先表现在植株顶部叶片，幼叶出现退绿斑块，叶面凹凸不平，产生泡斑花叶，叶片小叶缘反卷，或叶片黄化变硬、变厚、发脆。叶片叶脉坏死变褐，以后发展为不规则斑驳点和条斑，叶片畸形，植株矮化，患病茎节缩短，一般不能坐果，果实畸形、瘦小（见图5-16，见彩图）。果实受害，开始先在瓜体表面出现许多近圆形或不规则形水渍状的小斑点（斑点直径小的1毫米左右，大的10毫米以上），后变成浅褐色，且斑点处凹陷，削去瓜皮，与斑点对应处的瓜肉木质化，呈褐色坏死状，整个瓜体僵硬，失去食用价值（见图5-17，见彩图）。西瓜病毒病在田间表现为花叶和蕨叶两种类型。花叶类型，初期病株顶端叶片出现黄绿色镶嵌花纹，以后褶皱畸形，叶面凹凸不平，叶片变小。蕨叶类型较花叶类型发生普遍，花叶型表现为初期叶片上出现黄绿相间的花纹，以后叶片皱缩不平，节间缩短，不伸头，蕨叶型表现为上部心

图5-16 植株叶片黄化变硬

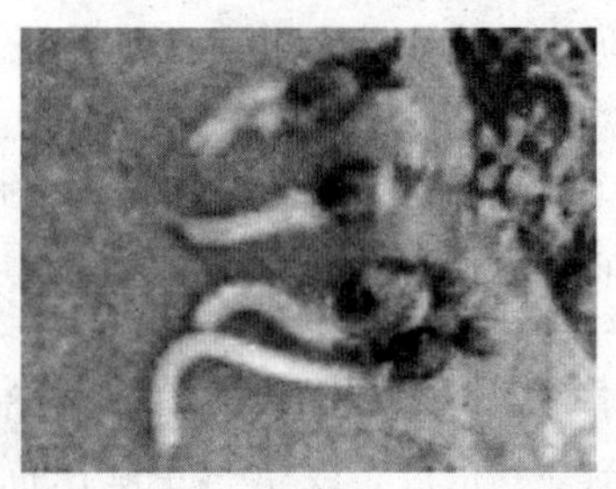

图5-17 果实呈褐色坏死状，瓜体僵硬

叶变窄细长，扭曲变形。

【发生规律】本病病原由黄瓜花叶病毒（CMV）、甜瓜花叶病毒（MMV）、黄瓜绿斑驳病毒（CKMMV）、烟草坏死病毒（TNV）等侵染所致。该病发生主要与气候条件、蚜虫发生量有关。CMV种子不带毒，由桃蚜、棉蚜、汁液摩擦传毒。发病适温20～25℃，气温高于25℃多表现隐症。MMV可由种子带毒、汁液摩擦或传毒媒介昆虫传毒。高温、干旱、光照强的条件下，蚜虫、温室白粉虱发生严重，也有利于病毒的繁殖，所以发病严重。在杂草多、附近有发病作物、气温高、缺水、缺肥、管理粗放、蚜虫多时发病重。CKMMV种子可以带毒，也可在土壤中越冬，成为翌年发病的初侵染源，通过风雨、农事操作等进行多次再侵染，蚜虫不传毒。暴风雨、植株相互碰撞、汁液摩擦或中耕时造成伤根都容易引起病毒的侵染，田间温度高时发病严重。

【防治方法】

（1）物理防治　①采用穴盘育苗技术，培育无病壮苗，及时清除大田四周及棚间杂草，减少初次侵染源。②做好种子处理，从源头控制发病，选用抗耐病品种，或进行种子消毒：用10%磷酸三钠溶液或1%高锰酸钾溶液浸种20分钟后，用清水洗净，再播种。加强栽培管理，施足基肥，叶面喷施0.2%～0.3%磷酸二氢钾。③防止传染，在整枝、打杈、摘心、授粉及追肥施药等农事操作中不要碰伤叶蔓，以防止病毒传染。④设置防虫网。在棚室的通风口用30～40目防虫网，从育苗开始封盖放风口，可直接阻止害虫为害瓜苗，有效降低发病率。⑤使用黑色塑料地膜或银灰色塑料膜拒蚜防病，用纸板涂黄胶或黄机油挂于田间，起到诱蚜的作用。⑥发现发病植株应及时拔除，带出田外集中销毁，以减少田内毒源。

（2）药剂防治　①防治传毒媒介：发现蚜虫及时用2%阿维菌素乳油2000倍液混加25%吡蚜酮悬浮剂2000倍液，或用0.5%虫螨立克乳油1000倍液或2%叶不卷乳油2000倍液加5%锐劲特悬乳剂2000倍液喷雾防治。②喷洒病毒钝化剂，减轻发病程度：结合甜瓜病虫防治，分别于甜瓜定植期、初花期和盛果期喷施病毒钝化制剂，可选用1.5%植病灵乳剂800倍液，或20%病毒A500倍液，或2%宁南霉素水剂250倍液，轮换交替使用每10天左右喷施1次，连喷2～3次。

十、西瓜疫病

【症状】苗期、成株期均可发病，为害叶片、茎蔓和果实。幼苗染病在子叶和真叶上产生半圆形和近圆形黄褐色和红褐色病斑（不受叶脉限制），有时也有晕圈。成株染病形成近圆形或不规则形、灰褐色、边缘水渍状病斑，有的也有晕圈，后期病斑易破裂穿孔（干燥条件下病斑易破裂），严重时叶片干枯，茎上形成褐色凹陷斑。果实染病，出现圆形或近圆形褐色凹陷病斑，后期溢出粉红色黏质物即炭疽菌分生孢子团。

【发病规律】该病由真菌鞭毛菌亚门德雷疫霉和辣椒疫霉侵染所致，其中以德雷疫霉为主，但在某些地方辣椒疫霉也对西瓜造成一定危害。病原菌以菌丝或卵孢子随病残体在土壤中或粪肥中越冬，卵孢子可以在土壤中存活5年以上。下一年产生分生孢子借气流、雨水或灌溉水传播。种子虽可带菌，但带菌率不高。湿度大时，病斑上产生孢子囊及游动孢子进行再侵染。发病温度为5～37℃，最适温20～30℃，雨季及高温高湿则发病迅速，当日降水量50毫米以上，旬降水量100毫米以上宜流行。排水不良、栽植过密、茎叶茂密或通风不良发病重。

【防治方法】参考甜瓜晚疫病的防治。

十一、西瓜、甜瓜细菌性叶斑病

叶斑病又称斑点病、角斑病。随着保护地的发展，叶斑病也越来越严重，除为害设施甜瓜和西瓜外，还可为害露地栽培甜瓜。

【症状】整个生育期均可受害，但以叶片受害为主。子叶受害呈水浸状近圆形凹陷斑，后变成黄褐色。真叶发病，初期呈水浸状黄褐色小斑点，圆形，直径3毫米左右。斑点逐渐变成棕褐色，叶背面表现有明显的光泽，有时叶背面病部溢出白色菌脓。病斑扩大后受叶脉的限制而变为多角形的大斑点，有的为不规则形，发病后期病斑处易破碎穿孔。茎和叶柄发病，最初为圆形水浸状斑点，后变成白色，患病处有黏浊液分泌。果实发病，在果面产生水渍状圆形病斑，发病部位分泌黏浊液，并向果肉扩展，延伸到种子，造成果实腐烂。

【发病规律】本病病原为丁香假单胞菌甜瓜致病变种细菌，为细菌性病害。病原菌随发病植株的残体在土壤中及在种子上越冬，存活期为1～2年。病斑上的菌液靠雨水飞溅、灌溉水、气流或昆虫传播。从植株伤口、水孔、气孔等部位侵入，造成多次重复侵染。保护地、连作地、植株生长茂密，通透性差，湿度过大则病害易发生。病菌发育的适宜温度为24～25℃，瓜田湿度大时发病重。

【防治方法】

（1）物理防治　实行与非瓜类作物2年以上轮作；加强栽培管理，施足底肥，保护地要通风降湿；瓜地要清洁卫生，并及时清除病残体。

（2）药剂防治　选用无病种子或进行种子消毒处理，可用55℃温水浸种20分钟或用40％福尔马林150倍液浸种1.5小时，清水冲洗后催芽播种；发病初期施药防治，可用农用链霉素150～200毫克/千克（如果农用链霉素药效不佳，可用兽用链霉素）或250～300毫克/千克新植霉素，或25％瑞毒铜或35％瑞毒唑铜可湿性粉剂600倍液、30％DT可湿性粉剂500倍液、70％DTM可湿性粉剂600倍液。

十二、西瓜、甜瓜菌核病

【症状】从幼苗至成株结瓜期均可发病，可为害茎、叶、果。茎基部发病初期为不规则褪绿水浸状斑，并扩大呈淡褐色斑，病茎软腐，病斑上有白色棉絮状菌丝，病斑逐渐扩展，后期形成麦粒状的坚硬菌核，病茎处易折断，植株上部枯萎死亡；幼苗期以幼苗茎基部发病较多，初为水浸状斑，短期内形成环腐，幼苗猝倒，与猝倒病相似，其区别是后者前期病斑仅在植株一侧凹陷，病斑颜色也浅；果实发病多在脐部，初呈褐色水浸状软腐，以后病斑不断扩大，整个果实腐烂。

【发病规律】本病病原为子囊菌亚门盘菌，属真菌性病害。病菌以菌核散落在土壤中或随附在病株残余组织内及混杂在种子中越冬或越夏。病菌喜温暖潮湿的环境，发病温度适宜范围0～30℃，最适发病环境温度20～25℃，适宜相对湿度90%以上，相对湿度低于70%则病害扩展明显受阻。最适感病的生育期为作物生长中后期。菌核萌发后产生子囊盘和子囊孢子，子囊孢子成熟后，稍受振动即行喷出，有如烟雾，肉眼可见。子囊孢子随风、雨传播，特别是在大风中可作远距离传播，也可通过地面流水传播。子囊孢子对老叶和花瓣的侵染力强，在侵染这些组织后，才能获得更强的侵染力，再侵染健叶和茎部。田间发病后，病部外表形成白色的菌丝体，通过植株间的接触进行再侵染，特别是植株中、下部衰老叶上的菌丝体，是后期病害的主要来源。高温、高湿、地势低洼、排水不良、偏施氮肥会加重病害发生。

【防治方法】

（1）定植前每亩施用40%五氯硝基苯粉剂2千克进行土壤药剂处理，或在定植前在苗床喷25%粉锈宁可湿性粉剂5000倍液；发病初期开始喷药，用药防治间隔期7～10天，连续2～3次，药剂可选50%速克灵可湿性粉剂1000倍液、50%扑海因可湿性粉剂1000倍液、50%托布津可湿性粉剂1000倍液、50%多菌灵可湿性粉剂800倍液、70%甲基托布津1000倍液。茎蔓等严重发病部位可用以上药剂加少量水调成糊状，涂在病部。阴雨天气可采用烟熏法，每个标准大棚（30米×6米）可用25%速克灵烟剂或45%百菌清·腐霉利烟熏剂100克于傍晚闷棚熏蒸，每5天1次，可连续使用2～3次，也可结合其他药剂交替防治。

（2）加强栽培管理，棚内地表全层地膜覆盖，结合合理密植，少施氮肥，增施磷、钾肥，增强植株抗性，减少病菌侵入的可能性。加强通风，控制棚内空气湿度，创造不利于发病的小环境。土壤中发现菌丝体萌发后，结合中耕除草，将菌丝体掩埋，能有效减轻菌核病的发生。

① 轮作换茬：合理轮作对控制甜瓜菌核病有良好效果，但不能与十字花科作物轮作。

② 清洁田园以减少翌年初侵染源。

③ 深翻：每茬苗定植前要深翻土壤耕作层，抑制菌核萌发与传播。

④ 高温闷棚：每茬苗定植前 7～10 天，浇次透水，然后密闭大棚，每天维持在 35℃以上，保持 4～6 小时，对杀灭初侵染菌源有良好效果。发病重的温棚也可利用 7～8 月的休闲季节，利用高温灭菌，方法是将大棚风口密闭，并将地表面喷湿或浇透水，然后盖层薄膜，保持 20～25 天，可杀灭土壤中的菌核病菌。

十三、西瓜、甜瓜根结线虫

【症状】出苗 5～7 天就能感染根结线虫，而且整个生育期都能感染，在侧根和根须上有多个节状或串珠状的根结，白色或黄白色（见图 5-18，见彩图）。该病造成染病植株地上部生长衰弱，植株矮小黄化，果实小，严重时植株死亡（见图 5-19，见彩图）。甜瓜生长期间可重复多次侵染，造成更大的危害。

图 5-18 根系上出现串珠状的根结

图 5-19 感病植株矮小黄化

【发病规律】病原为花生根结线虫。以 2 龄幼虫或卵在根结和土壤中越冬，多分布在 5～30 厘米土层中，能存活 1～3 年。春季卵孵化，形成1龄幼虫，进一步蜕变成2龄幼虫在土壤中移动，寻找甜瓜根尖，从根冠侵入，定居在生长锥内，其分泌物刺激根的导管细胞膨胀形成根结，在根结内形成4龄虫产卵。适宜生长温度25～30℃、土壤含水量40%利其成长，适宜pH 4～8。

【防治方法】

（1）物理防治　选用抗根结线虫品种（厚皮品种）；育苗时选用的育苗土不要带病原，建议用大田土或基质育苗，保证瓜苗无病；发病重的地区或田块，瓜苗或茄果类作物拉秧前先浇水，在土壤不干不湿时起根，病根要烧掉，减少残留；水淹法，土壤灌水至10厘米或更深土层，灌水1个月以上。

（2）药剂防治　利用氰氨化钙闷棚，可防治线虫和多种土传病害。每亩用噻唑膦颗粒剂2千克、0.5%阿维菌素颗粒剂3～4千克拌20千克细沙撒入土壤，先在准备栽瓜的垄上开沟，深16～20厘米，按每667米^2 220千克原液的药量施用。

十四、西瓜果实腐斑病

【症状】发病初期在果实表面出现数个水渍小斑点，以后逐渐发展扩大为边缘不规则的深绿色水渍状大斑。病斑多发生在果实的上表面，以后由于果实表面开裂，可造成果实腐烂。叶上病斑初在叶背面为水渍状斑点，后成为带有黄色晕圈的小点。该病不仅可以为害果实，而且可以为害幼苗，可导致幼苗死亡。

【发病规律】本病为细菌性病害。种子带菌是主要传播途径，病原细菌在土壤中只能存活1～2周，在这期间如不能侵染植株便会死亡。高湿是造成该病发生蔓延的主要条件，发病严重的年份和地区多是空气相对湿度很高或降水过多的年份和地区。

【防治方法】参考甜瓜细菌性软腐病的防治。

十五、甜瓜细菌性叶枯病

甜瓜细菌性叶枯病又称溃疡病，是甜瓜上常发生的细菌性病害。

【症状】 该病全生育期均可发生，叶片、叶柄、茎部均可受到侵染，但主要以叶片受害为主。发病初期，叶片上呈现水浸状褪绿斑，逐渐扩大呈近圆形或多角形，直径1～2毫米，周围具褪绿晕圈，病叶背面不易见到菌脓，从而可与细菌性角斑病相区别。

【发病规律】 本病病原为油菜黄单胞菌黄瓜叶斑病致病变种，属细菌界薄壁菌门，为细菌性病害。主要通过种子带菌传播蔓延，该菌在土壤中存活能力非常有限，可通过轮作防治此病。同时，经验表明，叶色深绿的品种发病重，大棚温室内栽培时比露地发病重。

【防治方法】

(1) 物理防治　实行2～3年轮作；结合深耕，以促进病残体腐烂分解，加速病菌死亡；定植以后注意中耕松土，促进根系发育，雨后注意排水。

(2) 药剂防治　种子消毒：播种前先把种子在清水中预浸10～12小时，再用1%硫酸铜溶液浸5分钟，捞出后播种。也可用52℃温水中浸种30分钟，再移入冷水中冷却后，催芽播种。发病初期和降雨后及时喷洒农药，常用药剂有72%农用链霉素可溶性粉剂4000倍液，或新植霉素4000～5000倍液，或2%多抗霉素800倍液，或60%DTM可湿性粉剂500倍液，或14%络氨铜水剂300倍液，每7天喷1次，连喷3～4次。

十六、甜瓜细菌性软腐病

【症状】 主要为害果实，有时也为害茎。病部初现水渍状深绿色斑，扩大后稍凹陷，病部发软，逐渐转为褐色，病斑周围有水浸状晕环，从病部向内腐烂，散发出恶臭味。茎染病多始于伤口，病斑呈不规则形水渍状，向内软腐，病部出水，严重的烂断，致病部以上枯死。

【发病规律】 本病病原为胡萝卜软腐欧氏杆菌软腐亚种，属于细菌性病害。病菌随病残体在土壤中越冬，可为害多种蔬菜。借雨水、灌溉水及昆虫传播，由伤口侵入，伤口多时发病重。病菌生长温度范围较大，2～40℃均能活动、为害，最适温度25～30℃，发病需95%以上相对湿度，雨水、露水对病菌传播、侵入具有重要作用。

【防治方法】

（1）物理防治　与非葫芦科、茄科及十字花科蔬菜进行2年以上轮作。及时清洁田园，尤其要把病果清除并带出田外烧毁或深埋。培育壮苗，适时定植，合理密植。雨季及时排水，尤其下水头不要积水。保护地栽培要加强放风，防止棚内湿度过高。

（2）药剂防治　及时喷洒杀虫剂防治瓜绢螟等蛀果害虫，可喷洒72%农用硫酸链霉素可溶性粉剂4000倍液，或新植霉素4000倍液，或27%铜高尚悬浮剂600倍液，或77%可杀得可湿性微粒粉剂500倍液，或14%络氨铜水剂300倍液，或47%加瑞农可湿性粉剂800倍液，每7天1次，连续防治2～3次。收获前4天停止用药。

十七、甜瓜疫霉病

在全国各地均有发生。除为害甜瓜以外，还能侵害西瓜、冬瓜等瓜类作物，属于严重的土传病害。

【症状】甜瓜疫霉病又称死秧，高温高湿易发病，特别是在雨后，病害来势猛，短短几天内瓜秧全部萎蔫、死亡。幼苗期受害，茎基部呈水浸状，并逐渐缢缩，呈暗褐色，成株发病时，首先在茎基部产生暗绿色水渍状病斑，发病部位缢缩，潮湿时腐烂，在干燥情况下呈灰褐色干枯，地上部迅速青枯。叶片受侵害时由叶缘向里发展，形成灰褐色至黄褐色病斑，边缘不明显，叶片极易破裂。果实发病，初生暗绿色近圆形水渍状病斑，潮湿时病斑很快蔓延，病部凹陷腐烂，在病斑部长出稀疏白色霉状物，即孢子囊和孢子囊梗。

【发病规律】本病病原属鞭毛菌亚门甜瓜疫霉属，为真菌性病害。病菌以菌丝体、卵孢子等随病残体在土壤或粪肥中越冬，种子带菌率较低。翌年条件适宜孢子萌发长出芽管，直接穿透寄主表皮侵入体内，在田间靠风、雨、灌溉水及土地耕作传播；发病适温28～30℃，当月平均气温23℃时开始发病，在适温范围内，高湿（相对湿度85%以上）是本病害流行的决定因素。暴雨或大雨之后，田间地势低洼处，有积水不能及时排除，再遇大水漫灌，病害将严重发生。

【防治方法】

（1）物理防治 加强田间管理，采用龟背垄栽培、地膜全程覆盖，可有效防止茎叶与土壤的接触，防止疫病发生。

（2）药剂防治 甜瓜疫霉病为土传病害，浇水或雨后湿度大时，选用72%克露（双脲锰锌）可湿性粉剂700倍液、72.2%普力克水剂600倍液、25%甲霜灵可湿性粉剂800倍液，叶面和根茎部喷雾防治；根茎部发病后可用25%甲霜灵和40%福美双可湿性粉剂1∶1混合成糊状涂抹或用800倍液灌根，每隔7天灌根1次，连续3～4次。

十八、甜瓜黑星病

【症状】主要为害叶片、果实。叶面呈现近圆形褪绿小斑点，进而扩大为2～5毫米淡黄色病斑，边缘呈星纹状，干枯后呈黄白色，后期形成边缘有黄晕的星状孔洞（见图5-20，见彩图）。果实上出现褪绿小斑，溢出胶状物，凝结成块，呈疮痂状。

【发病规律】本病病原为半知菌亚门瓜枝孢霉属，为真菌性病害。病菌主要以菌丝体或分生孢子丛在种子或病残体上越冬。翌春分生孢子萌发，靠雨水、气流和农事操作传播。病菌从叶片、果实、茎表皮直接侵入，或从气孔和伤口侵入。在相对湿度93%以上，温度在15～30℃，植株叶面结露时，该病容易发生和流行。

【防治方法】

（1）物理防治 与十字花科、百合科、茄科等非葫芦科蔬菜进行2～3年以上的轮作，防止重茬；选用无病种苗，进行苗床、种子处理（参照猝倒病的防治）；改进栽培技术，采用高畦地膜覆盖、膜下滴灌栽培技术；采用棚内设施消毒，定植前用烟雾剂熏蒸棚室，杀死棚内残留病菌，生产上常用硫黄熏蒸消毒，每 100 米^3 空间用硫黄 0.25 千克、锯末 0.5 千克，混合后分几堆点燃熏蒸 12 小时；棚内发生中心病株后，及时拔除并深埋，并及时进行土壤消毒；适当控制浇水和增加通风，降低室内空气湿度，缩短植株结露时间。

图 5-20 病斑后期形成边缘有黄晕的星状孔洞

（2）药剂防治 发病初期用 45%百菌清烟剂或黑星净烟剂，每亩用药 300～350 克，7 天熏 1 次，连熏 4～5 次。喷雾用 40%杜邦福星乳油 8000～10000 倍液、40%氟硅唑乳油 8000～10000 倍液、12.5%腈菌唑乳油 800～1000 倍液、50%苯菌灵可湿性粉剂 500 倍液、4%～6%多抗霉素 800～1000 倍液，每 7 天 1 次，晴天连喷 3～4 次，喷后加强通风。

第四节 西瓜、甜瓜虫害识别与防治

一、白粉虱

白粉虱属同翅目粉虱科，又称烟粉虱。

【为害症状】成虫或幼虫群集嫩叶背面刺吸汁液，造成受害叶片褪绿萎蔫或枯死，并能传播病毒。此外，由于其繁殖力强，繁殖速度快，并分泌大量蜜露，严重污染叶片，极易诱发霉污病的发生，不仅妨碍光合作用的进行，还严重影响果实的商品性（见图5-21，见彩图）。

【防治方法】

（1）物理防治　育苗前熏杀残余白粉虱，清除杂草，在通风口设置防虫网控制外来虫源，阻止白粉虱飞入为害；避免与白粉虱发生严重的番茄等蔬菜混栽或邻作；因白粉虱对黄色有强烈趋性，可利用黄色粘胶板粘杀成虫。

（2）生物防治　在保护地内释放草蛉或丽蚜小蜂对白粉虱有很好的控制作用；国外利用粉虱座壳孢菌防治温室白粉虱也取得很好的效果。

（3）药剂防治　在温室或大棚室内休闲时，可用敌敌畏乳油加硫黄粉或锯末，进行烟雾熏杀成虫。在植株生长期，由于白粉虱世代重叠，在同一时间同一作物上存在各虫态，而当前没有对所有虫态皆有效的药剂，因此采用化学防治方法必须连续几次用药。可选用的药剂和浓度如下：10%扑虱灵乳油1000倍液，对粉虱有特效；25%灭螨猛乳油1000倍液，对粉虱成虫、卵和若虫皆有效；20%康福多浓可溶剂4000倍液，每7～8天喷1次，连喷3～4次。

图5-21　成虫在叶背面取食

图5-22　蚜虫在嫩梢刺吸汁液

二、瓜蚜

瓜蚜可为害多种作物，属同翅目蚜科，又称为棉蚜，俗称腻虫。

【为害症状】 瓜蚜喜在幼叶背、嫩茎和嫩梢刺吸汁液，致使瓜秧变黄，幼叶畸形卷曲，整株萎缩，因其分泌蜜露易引起霉污病，影响果实外观，造成商品果率下降，更为重要的是其可传播病毒，引发病毒病（见图 5-22，见彩图）。

【防治方法】

（1）物理防治　及时摘除老叶，清理田间，消灭杂草以减少部分蚜源和毒源；利用蚜虫对银灰色的驱避性，对栽培甜瓜的畦垄铺设银灰膜；黄板诱蚜，就地取简易板材，用黄漆刷板，涂上机油，吊至棚中，每 30～50 米^2 1 块诱蚜板。

（2）药剂防治　可选用 25%阿克泰水分散粒剂 4000～6000 倍液，或敌敌畏加乐果按 1∶1 混合的 2000～3000 倍液，或 2.5%功夫水剂 1500 倍液，或 10%吡虫啉可湿性粉剂 1000 倍液喷施。保护地发生严重时可使用杀蚜烟剂。为了避免瓜蚜对拟菊酯类产生抗药性，要注意与有机磷和其他农药交替使用。

三、蛴螬

蛴螬属鞘翅目金龟甲科，别名白土蚕，其中以植食性的一些种类发生普遍，危害最重。

【为害症状】 植食性蛴螬大多食性很杂，同一种蛴螬常可为害多种瓜类的种子及幼苗。幼虫终生栖居土中，喜食刚刚播下的种子、根、块茎以及幼苗等，造成缺苗断垄。成虫则喜食瓜菜的叶和花器，是一类分布广、危害严重的害虫。

【防治方法】

（1）物理防治　避免施用未腐熟的厩肥，减少成虫产卵。

（2）药剂处理土壤　可用 50%辛硫磷乳油，每亩 200～250 克，加水 10 倍，喷于 25～30 千克细土上拌匀成毒土，顺垄条施，或以同样用量的毒土撒于种沟或地面，随即耕翻或结合水肥施入。

四、瓜叶螨

瓜叶螨通称红蜘蛛，属蛛形纲叶螨科。

【为害症状】红蜘蛛喜群居在叶背面近叶脉处刺吸西瓜汁液，被害叶面呈黄白色小点，严重时变黄枯焦，以至脱落，发生严重时在叶面结网（见图5-23，见彩图）。

【防治方法】

（1）物理防治　与禾本科作物实行1年以上轮作。秋季作物收获后翻耕瓜地并灌水；夏季作物收获后，彻底清除瓜田间杂草，集中销毁，以消灭虫源。

（2）药剂防治　可选用1.8%农克螨乳油2000倍液或20%螨克乳油1000～2000倍液，也可用1.8%阿维菌素2000倍液进行防治，连续使用2～3次。初期发现中心虫株要重点剿灭，并经常注意更换农药品种，防止产生抗性。

图5-23　叶片变黄，出现网状物

图5-24　叶面出现不规则线状白色虫道

五、美洲斑潜蝇

美洲斑潜蝇属双翅目潜蝇科，又称蔬菜斑潜蝇。

【为害症状】美洲斑潜蝇在棚室西瓜、甜瓜整个生育期中均可为害植株。雌成虫刺伤叶片取食和产卵。幼虫潜入时叶片呈现针尖大的小斑点，潜食叶肉，产生不规则线状白色虫道（见图5-24，见彩图)。受害严重时叶片脱落、干枯，造成花芽、果实被灼伤，植株早衰死亡。

【防治方法】

(1) 物理防治　西瓜、甜瓜与不受其危害的作物进行套种或轮作，美洲斑潜蝇对苦瓜、苋菜和烟草危害较轻，可以与这些作物套种；收获后将被斑潜蝇危害的作物残体集中深埋沤肥或烧毁；利用成虫趋黄色的习性，在成虫始发期至盛发期用诱蝇纸或黄板诱杀成虫。

(2) 药剂防治　在其发生初期，可选用10%吡虫啉可湿性粉剂1000倍液、25%阿克泰水分散粒剂3000倍液、2.5%功夫水剂1500倍液、1.8%阿维菌素乳油或1.8%爱福丁乳油或1.8%虫螨克乳油3000倍液，或20%斑潜净微乳剂1000倍液、20%灭蝇胺可溶性粉剂1000倍液等交替喷雾，隔7～10天喷1次，喷2次。幼虫有早晚爬到叶面上活动的习性，故在傍晚和早上喷药效果好。

六、小地老虎

小地老虎属鳞翅目夜蛾科，别名土蚕、地蚕，分布于全国各地。

【为害症状】小地老虎成虫白天隐蔽，夜间活动，具趋黑光性，喜糖醋及酸甜食物。小地老虎以幼虫为害西瓜、甜瓜幼苗，造成缺苗断垄或影响植株生长。幼虫夜间和阴雨天出土活动，常咬断近地面的幼苗或嫩茎，清晨田间易发现。

【防治方法】

(1) 物理防治　轮作，最好是水旱轮作；清除田间杂草；冬灌，既可杀死虫卵，又可保墒；田间杂草应及时清除，以降低虫口密度；诱杀成虫，用糖1份、醋2份、白酒0.5份、水10份、90%晶体敌百虫0.1份混成糖醋液，装盆或碗中，置于田间1米高处诱杀成虫。也可用黑光灯诱杀。

（2）药剂防治　可用50%辛硫磷乳油1500倍液，或90%敌百虫原粉800～1000倍液，或80%敌敌畏乳油1500倍液进行防治。4龄后幼虫可用毒饵诱杀，配制方法是取炒香麦麸25～30份、50%辛硫磷乳油1份、水30份拌匀即成，每亩4～5千克毒饵，应在傍晚小地老虎活动前撒于幼苗附近。

七、蓟马

【为害症状】成虫和幼虫均以锉吸式口器为害心叶、嫩梢、叶、花等（见图5-25，见彩图）致使新叶生长缓慢，并迅速老化、畸形，形成许多细密而长形的灰白色斑纹，植株生长缓慢，节间缩短，幼瓜受害出现畸形，表面常留有黑褐色疙瘩，严重时造成落果。成瓜受害，瓜皮粗糙有斑痕呈“锈皮”状。

图5-25　蓟马聚集在花冠内取食

【防治方法】

（1）物理防治　铲除棚室周围的杂草，不要与其他寄主植物混栽，消灭越冬虫源；保护地育苗，采用营养钵、防虫网保护；利用成虫趋避性，在成虫始发期至盛发期设置蓝板（对蓝色有趋向性）诱杀成虫。

（2）药剂防治　在发生初期，可用2.5%多杀霉素悬浮剂800倍液、3%啶虫脒乳油1500倍液、0.36%苦参碱水剂400倍液、10%吡虫啉可湿性粉剂1000倍液或1.8%阿维菌素乳油3000倍液喷雾，隔7天再均匀喷施1次。在收获前1周停用。

八、瓜实蝇

瓜实蝇主要在南方省份发生，属双翅目实蝇科，又称黄瓜实蝇、瓜小实蝇、瓜大实蝇、瓜蛆。

【为害症状】 成虫以产卵管刺入幼瓜表皮内产卵，幼虫孵化后即钻进瓜内取食，受害瓜先局部变黄，而后全瓜腐烂变臭，造成大量落瓜，即使不腐烂，刺伤处凝结流胶，畸形下陷，果皮硬实，瓜味苦涩，品质下降。

【防治方法】

(1) 物理防治　及时摘除被害瓜，喷药处理烂瓜、落瓜并要深埋；保护幼瓜，在严重地区，将幼瓜套纸袋，避免成虫产卵。

(2) 药剂防治　发生初期用毒饵诱杀成虫，用煮熟的果瓜发酵，加入0.5%敌百虫和微量香精调成糊状，放入器皿、木板上，布置在地边诱杀成虫，每亩20～30个，可明显降低害虫基数。在卵盛孵期，每亩用5%氯氰菊酯乳油800倍液均匀喷雾；或在成虫盛发期，于中午或傍晚喷洒50%地蛆灵乳油2000倍液，或2.5%溴氰菊酯乳油3000倍液等。每隔3～5天1次，连续防治2～3次。

九、蜗牛和蛞蝓

蜗牛和蛞蝓分属蜗牛科与蛞蝓科。瓜田蜗牛有灰巴蜗牛与同型巴蜗牛两种。蛞蝓主要是野蛞蝓，别名鼻涕虫，两者都隶属软体动物门，其生物学特性与其他害虫区别很大，几乎所有的杀虫药剂都对其无效。

【为害症状】 蜗牛和蛞蝓主要取食植物幼苗、嫩叶和嫩茎，初孵幼虫只取食叶肉，稍大后刮食叶、茎，形成孔洞或缺刻，严重时可咬断嫩茎和生长点，使整株枯死。性喜潮湿，在高湿环境下危害加重。

【防治方法】

(1) 物理防治　清洁田园，铲除杂草，以减少虫源；施用充分腐熟的有机肥，创造不适于蜗牛和蛞蝓发生和生存的条件；夜晚或清晨，以及阴雨天人工捕捉，集中杀灭；撒石灰粉或夜间喷施碳酸氢铵 50 倍液于棚室四周。

(2) 药剂防治　可用密达颗粒剂毒饵或用蜗牛敌（多聚乙醛）与碎豆饼或玉米粉配成含 2.5%有效成分的毒饵诱杀。亦可用四聚乙醛可湿性粉剂 600～800 倍液或 90%万灵可湿性粉剂 2500 倍液喷雾触杀或施灭蜗灵颗粒剂于根际周围基质内诱杀。

第五节　西瓜、甜瓜病虫害综合防治技术

西瓜、甜瓜病虫害防治应以预防为主，采用综合防治技术。应选用抗耐病虫优良品种；改善瓜田生态条件，创造一个有利于西瓜、甜瓜生长发育而不利于病虫发生发展的环境条件，实施健身栽培；正确掌握有害生物发生动态，科学合理使用农药，选用高效、低毒、低残留农药和生物制剂，以确保西瓜、甜瓜优质、安全和高产。

一、农业防治

(1) 实行分区轮作制度　轮作尤其是水旱轮作对土传病害和土栖害虫的防治特别有效。合理布局茬口，提倡水旱轮作，控制轮作年限，对减少病原菌和改善土壤环境具有明显效果。

(2) 综合防治　选用抗病品种，清洁田园，种子消毒，高温闷棚（见图 5-26），土壤处理；采用嫁接育苗技术，预防根部病害的发生；铺地膜，膜下暗灌，降低空气湿度；在通风口安上防虫网、用黄板诱杀等（见图 5-27）。

(3) 加强田间管理　培育壮苗，合理密植，科学施肥（有机肥

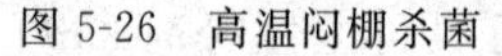
图 5-26　高温闷棚杀菌

图 5-27　黄板诱杀害虫

要充分腐熟，氮、磷、钾肥要合理搭配），促进植株健壮生长。

（4）合理用药　合理使用农药使用才能取得满意的效果。

二、化学防治

西瓜、甜瓜病虫害防治使用农药时，要严格执行国家制定的《农药安全使用规定》《农药安全使用标准》《农药管理条例》等。农药须具备国家颁发的“三证”，即农药登记证、生产许可证或生产批准证、执行标准号，应尽量使用生物农药、无公害蔬菜生产允许的化学农药。

（1）正确诊断，对症下药　西瓜、甜瓜病虫害种类很多，根据不同种类的病虫害，选对农药，防止因误诊而错用农药，造成农药残留量增加，还贻误了防治周期。

（2）严格执行国家有关规定，禁止使用剧毒、高毒、高残留农药。

（3）选用高效低毒、低残留农药　目前市面上提倡推广使用的生物农药及复合农药品种有：苏云杆菌、苦参碱、印楝素、烟碱、阿维菌素、抗霉菌素、武夷菌素、多氧霉素、爱比菌素、新植霉素、Bt、浏阳霉素、增产菌、锐劲特、除尽、仙生、达科宁、克露、福星、普力克、大生、土菌消（绿亨一号）、腐霉利、世高、菌克毒克、菌毒清、可杀得、农抗120、波尔多液、石硫合剂、草甘膦、敌草胺、高效盖草能、精禾草克等多种高效低毒安全农药；允许推广使用的高效低毒农药品种有：农地乐、敌百虫、杀虫双、速凯、尼索朗、吡虫啉、灭幼脲、功夫、百菌清、扑海因、代森锰锌、粉锈宁、甲基托布津、立克秀、克芜踪等。

(4) 科学规范使用农药

① 采用科学的防治方法。使用农药前，首先应详细了解病虫害发病情况，做到有的放矢，针对发病中心进行药剂处理，而后全棚防治。这样不仅可收到较好的防治效果，而且省时、省工，避免药物浪费。

② 采用正确的喷药技术。必须将农药均匀喷洒在植株及病虫表面，使病虫与之接触而致死；或害虫通过取食植物将农药带入其体内而中毒；或因农药在植株表面形成保护膜，阻止病菌侵入植物组织；或植株将农药吸收到体内，上下传导到整个植株，抑制病菌在植株组织内生长蔓延。所以，如何使农药充分发挥效果，必须根据以上病虫中毒的原理，讲究施药技术，做到以少量的农药，收到较高的防效。

③ 正确掌握用药量。在生产中使用农药时不可以任意增减用药量。增加用药量，不仅造成农药浪费，而且容易对植株产生药害，增加农药残留量，污染环境，影响消费者的身体健康；减少用药量，则不能收到理想的防治效果，从而造成农业上的损失。一般说明书上都规定了该种农药的使用倍数、单位用药液量或单位有效剂量，故应按规定要求使用。

④ 交替轮换用药。生产上若长期使用单一农药，尤其是防治对象固定、吸附农药点少的内吸杀菌剂，则很容易产生抗药性。因此，生产中可将多种农药轮流使用或合理混用，这样不仅不易产生耐药性，而且还可以兼治其他病害或虫害。但在实际生产中不要盲目地多种农药混用、复配，目前市场上的一些农药，本身就已是复配剂，故只要注意轮换交替用药即可。

⑤ 选用生物农药。选用生物农药或化学农药与生物农药复配，可减少化学农药的用量，提高产品的安全性。

(5) 执行农药安全间隔期　农药安全间隔期是指最后一次施药和收获上市之间的时间，也称安全等待期。它是根据农药在植物上消失、残留、代谢动态和最大残留允许标准制定的，其长短因农药性质、植物种类而不同，有的2～3天，有的7天甚至更长。

三、常用杀菌剂的使用方法

1. 硫黄

【产品特点】硫黄是一种无机硫低毒保护性杀菌剂，兼有一定的杀螨作用。硫黄对白粉病、疮痂病、茎枯病、叶斑病及红蜘蛛、锈蜘蛛（锈螨）、梨木虱等病虫害均有良好的防治效果。

【使用技术】具体用药量或用药倍数应根据气温及作物敏感性决定，高温时用药一定要降低用药量。在病害或害螨（虫）发生初期用药效果好，且喷药应均匀、周到。硫黄不宜与硫酸铜等金属盐类药剂混用，以防降低药效。气温较高的季节应在早、晚施药，避免中午用药，并适当降低浓度，以免发生药害；悬浮剂型可能会有些沉淀，摇匀后使用不影响药效。

2. 代森锌

【产品特点】代森锌是一种广谱保护性低毒杀菌剂。使用代森锌防治病害时应掌握在病菌侵入前用药，才能获得较好的防治效果。代森锌防病范围非常广泛，对许多真菌性病害均具有很好的预防效果，如霜霉病、晚疫病、疫病、白粉病、锈病、炭疽病、早疫病、黑斑病、黑星病、疮痂病、溃疡病、蔓枯病、茎枯病、斑点落叶病、褐斑病、灰斑病、紫斑病、叶斑病等。

【使用技术】代森锌主要通过喷雾防治各种植物病害，只有在病害发生前或发生初期喷药才能获得较好的防治效果，喷雾要均匀、及时。不能和铜制剂或碱性药剂混用。最佳用药时期为病害发生前至发病初期。

3. 代森锰锌

【产品特点】代森锰锌属于硫代氨甲酸酯类广谱保护性低毒杀菌剂，主要通过金属离子杀菌。目前市场上的代森锰锌类产品为两类：一类为全络合态结构，另一类为非全络合态结构。对早疫病、晚疫病、霜霉病、霜疫霉病、炭疽病、轮纹病、黑斑病、斑点落叶病、黑星病、褐斑病、叶斑病、锈病、疮痂病、褐腐病等均有良好的预防效果。

【使用技术】代森锰锌属于保护性杀菌剂，对病害没有治疗作用，必须在病害侵害寄主植物前喷施才能获得理想的防治效果。代森锰锌可以连续多次使用，病菌极难产生抗药性。幼叶、幼果期应慎重使用普通代森锰锌，以免发生药害。

4. 百菌清

【产品特点】百菌清属于有机氯类极广谱保护性低毒杀菌剂，没有内吸传导作用，喷施到植物表面后黏着性能良好，不易被雨水冲刷，药剂持效期较长。百菌清主要是保护作物免受病菌侵染，对已经侵入植物体内的病菌基本无效。可防治霜霉病、灰霉病、早疫病、晚疫病、疫腐病、疫病、炭疽病、白粉病、锈病、黑斑病、褐斑病、赤星病、叶斑病、斑枯病、叶枯病、紫斑病、茎枯病、褐腐病、疮痂病、蔓枯病、纹枯病、赤霉病、轮纹病等。

【使用技术】百菌清使用方法多样，既可喷雾，也可以喷粉，还可用于熏烟。不能与石硫合剂、波尔多液等碱性药剂混用；悬浮剂可能会有些沉淀，摇匀后使用不影响药效。

5. 福美双

【产品特点】福美双是一种有机硫类广谱保护性杀菌剂，中等毒性，对皮肤黏膜有刺激作用。其杀菌机制是通过抑制病菌一些酶的活性和干扰三羧酸循环而导致病菌死亡。福美双属于广谱性杀菌剂，对根腐病、立枯病、猝倒病、黑星病、疮痂病、炭疽病、轮纹病、黑斑病、褐斑病、灰斑病、叶斑病、斑点落叶病、白粉病、锈病、霜霉病、晚疫病、早疫病、疫腐病、叶霉病、赤霉病、白腐病、稻瘟病、黑穗病等真菌性病害均有很好的防治效果。

【使用技术】福美双使用范围很广，用药方法因防治目的不同而异，既可喷雾与浇灌，又可土壤消毒，还可拌种和枝干涂抹。不能与铜制剂及碱性药剂混用或前、后紧接着使用。

6. 克菌丹

【产品特点】克菌丹属于有机硫类广谱低毒杀菌剂，以保护作用为主，兼有一定的治疗作用，使用较安全，对多种作物上的许多种真菌性病害均具有良好的预防效果，特别适用于对铜制剂农药敏感的作物。克菌丹对多种作物上的多种真菌性病害均具有良好的预防效果，如蔬菜类的立枯病、根腐病、疫病、枯萎病、炭疽病、霜霉病、晚疫病、叶斑病、白粉病、灰霉病等。

【使用技术】克菌丹用药方法多样，使用方便，既可常规喷雾，又可药剂拌种，还可土壤消毒处理。在各种作物上不要与有机磷类农药及石硫合剂等碱性药剂混用，也不能与机油混用。

7. 多菌灵

【产品特点】多菌灵是一种高效、低毒、低残留的内吸性广谱杀菌剂，对许多高等真菌病害均具有较好的保护和治疗作用，而对卵菌和细菌引起的病害无效。其作用机制是干扰真菌细胞有丝分裂中纺锤体的形成，进而影响细胞的分裂，导致病菌死亡。该药具有一定的内吸能力，其可通过植物叶片和种子渗入到植物体内，耐雨水冲刷，持效期长。对西瓜、甜瓜等瓜类的炭疽病、蔓枯病、枯萎病有较好的防治效果。

【使用技术】对于地上部叶片、果实等部位病害，多使用喷雾方法进行防治。多菌灵可与非碱性杀虫、杀螨剂随混随用，但不能与波尔多液、石硫合剂等碱性药剂混用；连续多次单一使用，易诱导病菌产生抗药性，最好与不同类型的杀菌剂交替使用或混合使用。

8. 甲基硫菌灵

【产品特点】甲基硫菌灵是一种取代苯类广谱治疗性杀菌剂，低毒、低残留，具有内吸、预防和治疗三重作用。其杀菌机制：一是在植物体内部分转化为多菌灵，干扰病菌有丝分裂中纺锤体的形成，影响细胞分裂，导致病菌死亡；二是甲基硫菌灵直接作用于病菌，阻碍其呼吸过程，影响病菌孢子的产生、萌发及菌丝体生长。甲基硫菌灵对多种植物的多种真菌性病害均具有良好的防治效果。用于防治蔓枯病、茎枯病、轮纹病、炭疽病、褐腐病、黑星病、白粉病、锈病、水锈病、角斑病、圆斑病、紫斑病、叶斑病、疮痂病、枯萎病、菌核病等病害。

【使用技术】①喷雾：防治作物叶部和果实病害时多使用喷雾方式防治病害。②种子处理：防治麦类作物及玉米黑穗病时，每100克有效成分加水4千克拌100千克种子，闷种6小时后播种；或用150克有效成分加水150千克浸种100千克36～48小时，晾干播种。③涂抹：防治果树枝干病害时，直接用其涂抹病斑。一般使用4%膏剂直接在病斑表面涂抹。不能与铜制剂及碱性药剂混用。连续多次使用，病菌易产生抗药性，应注意与不同类型药剂交替使用。

9. 三唑酮

【产品特点】三唑酮属三唑类内吸治疗性低毒杀菌剂，易被植物吸收，并可在植物体内传导，对锈病和白粉病具有预防、治疗、铲除和熏蒸等多种作用。其杀菌机制主要是抑制病菌体内麦角甾醇的生物合成，进而抑制病菌附着胞及吸器的发育、菌丝的生长和孢子的形成。三唑酮主要用于防治各类植物的锈病、白粉病及禾谷类作物的黑穗病，也可用于防治水稻和麦类作物的纹枯病，还可以通过喷烟防治橡胶树白粉病等。

【使用技术】三唑酮因防病目的的不同使用方法多样，常规方法为喷雾，也可拌种，还可用烟雾机喷烟雾。该药已使用多年，一些地区抗性较重，用药时不要任意加大药量，以免发生药害，注意与不同类型杀菌剂混合或交替使用。

10. 戊唑醇

【产品特点】戊唑醇属三唑类内吸治疗性广谱低毒杀菌剂，杀菌活性高，且持效期长。既可喷雾防治叶片和果实病害，又可用作种子包衣。其杀菌机制为抑制病原菌细胞膜上的麦角甾醇的去甲基化，使病菌无法形成细胞膜，进而杀死病原菌。戊唑醇不仅可有效防治多种真菌性病害，还可促进作物生长、根系发达、叶色浓绿、植株健壮、提高产量等。对叶斑病、黑星病、炭疽病、轮纹病、白粉病、锈病、褐斑病、黑斑病、斑点落叶病、纹枯病、稻瘟病、稻曲病、菌核病、茎枯病、黑穗病等均具有良好的防治效果。

【使用技术】戊唑醇对水生动物有毒，药剂及药液严禁污染水源；包衣种子未用完时严禁用作饲料。戊唑醇在一定浓度下具有刺激作物生长的作用，但用量过大时显著抑制作物生长。

11. 腈菌唑

【产品特点】腈菌唑是一种三唑类内吸治疗性广谱低毒杀菌剂，具有预防、治疗双重作用。其杀菌机制是抑制病菌麦角甾醇的生物合成，使病菌的细胞膜异常，而最终导致病菌死亡。该药内吸性强，药效高，持效期长，对作物安全，并具有一定的刺激生长作用。对黑星病、白粉病、锈病、叶斑病、炭疽病、黑痘病、疮痂病、纹枯病、茎枯病、斑点落叶病等多种高等真菌性病害均具有良好的防治效果。

【使用技术】腈菌唑主要通过喷雾防治病害，在病害发生初期喷药效果最好。三唑类杀菌剂易产生抗药性，注意与不同类型杀菌剂交替或混合使用，不要与碱性药剂混用。

12. 氟菌唑

【产品特点】氟菌唑是一种新型三唑类内吸性低毒杀菌剂，具有内吸治疗和保护双重作用，其杀菌机制是破坏和阻止病菌代谢过程中麦角甾醇的生物合成，使细胞膜不能形成，而导致病菌死亡。该药对高等真菌性病害效果好，对卵菌病害无效。氟菌唑对黑星病类病害具有特效，对白粉病、锈病、叶霉病、炭疽病、黑痘病、白腐病、褐斑病、叶斑病等病害也有很好的防治效果。

【使用技术】主要通过喷雾防治病害，在病害发生初期或初见病斑时施药效果最好。连续使用该药病菌容易产生抗药性，建议与其他不同类型杀菌剂交替使用。

13. 腈苯唑

【产品特点】腈苯唑是一种三唑类内吸传导型广谱低毒杀菌剂，使用安全，不产生药害，黏着性好，内吸渗透性强，耐雨水冲刷，持效期较长。用于防治多种真菌性病害。

【使用技术】建议与其他类型药剂交替使用，避免病菌产生抗药性。本剂对鱼类有毒，应避免将药液流入湖泊、河流、池塘等水域。

14. 十三吗啉

【产品特点】十三吗啉是一种吗啉类广谱性内吸治疗型低毒杀菌剂，具有保护和治疗双重作用，能被植物的根、茎、叶吸收及传导。其杀菌机制主要是抑制病菌麦角甾醇的生物合成，进而导致病菌死亡。可防治黄瓜、甜瓜、西葫芦、冬瓜等瓜类的白粉病。

【使用技术】十三吗啉因防治对象不同用药方法而异，既可淋灌，又可喷雾。瓜类作物用药倍数不要低于3000倍液，高温时需要特别注意，否则容易发生药害；不能与碱性药剂混用。注意与不同类型药剂交替使用。

15. 咪鲜胺

【产品特点】咪鲜胺是一种咪唑类广谱性低毒杀菌剂，具有保护和铲除作用，无内吸作用，但有一定的传导性能，对子囊菌及担子菌引起的多种病害有特效。其杀菌机制是通过抑制甾醇的生物合成而起作用，最终导致病菌死亡。对恶苗病、炭疽病、冠腐病、青霉病、灰霉病、褐斑病、黑痘病、菌核病、叶枯病、褐腐病等多种病害均具有很好的防治效果。

【使用技术】防腐保鲜时，当天采收的果实应当天用药处理完毕；浸果前必须将药剂搅拌均匀。不能与强酸或强碱性药剂混用。本品对鱼类等水生动物有毒，严禁药液污染鱼塘、湖泊、河流等。

16. 嘧菌酯

【产品特点】嘧菌酯是一种天然化合物的内吸性低毒杀菌剂，具有保护、治疗、铲除、渗透及内吸活性等特点，属线粒体呼吸抑制剂，即通过抑制细胞色素b和细胞色素c间电子转移而抑制线粒体的呼吸，最终导致病菌死亡。对炭疽病、疮痂病、黑星病、早疫病、褐斑病、黑斑病、叶霉病、叶斑病、黑痘病、白腐病、白粉病、锈病、霜霉病、晚疫病、霜疫霉病、疫病、蔓枯病、枯萎病等多种真菌性病害均具有良好的防治效果。

【使用技术】嘧菌酯主要通过喷雾防治病害。喷药应及时、均匀、周到；且在病害发生前或发生初期开始用药，才能充分发挥药效，保证防治效果。不能与碱性药剂混用，注意与不同类型杀菌剂交替使用，避免病菌产生抗药性。

17. 腐霉利

【产品特点】腐霉利属二羧甲酰胺类低毒杀菌剂，具有保护、治疗双重作用，使用安全，持效期较长。该药既可保护作物不受病菌侵染，又能杀灭已经侵入到植物体内的病菌，并能有效阻止病斑扩展。因此，在发病前进行保护性使用或在发病初期进行治疗性使用均可获得满意的防治效果。对灰霉病、菌核病、褐腐病、花腐病等有较好效果。

【使用技术】腐霉利主要用于喷雾，在保护地内也可以使用烟剂熏烟。不要与碱性药剂混用，也不宜与有机磷类农药混配；连续多次使用，病菌易产生抗药性，注意与其他类型杀菌剂交替使用。

18. 异菌脲

【产品特点】异菌脲属二羧甲酰亚胺类，是一种触杀型广谱保护性低毒杀菌剂，并有一定的治疗作用。其杀菌机制是抑制病菌蛋白酶，控制许多细胞内功能信号，干扰真菌细胞组成物质的形成等；该机制作用于病菌的各个发育阶段，既可抑制病菌孢子萌发，又可抑制菌丝体生长，还可抑制病菌孢子的产生。对黑斑病、早疫病、灰霉病、菌核病、褐腐病、花腐病、叶斑病均具有良好的防治效果。

【使用技术】异菌脲多用喷雾法防治各种病害，也可通过药液浸泡进行水果防腐保鲜。不能与强碱性或强酸性药剂混用；不要与腐霉利、乙烯菌核利、乙霉威等杀菌原理相同的药剂混用或交替使用。

19. 过氧乙酸

【产品特点】过氧乙酸是一种简单有机酸类内吸治疗性低毒杀菌剂，在水中分散性极好，可以以任何比例与水混合。制剂为无色或淡黄色透明液体，具弱酸性，有刺激性气味；不稳定，易挥发，在储藏中逐渐分解，遇到各种金属离子则迅速分解，甚至引起爆炸。

使用后其逐渐释放出氧离子而起杀菌作用。该药渗透性强，内吸性好，杀菌迅速，特别适用于防治果树枝干病害，但持效期短。

【使用技术】防治果树枝干病害时，主要是病斑涂抹，既可病斑苗面划道（切割病斑）后抹药，也可刮病斑后抹药。本药为强氧化剂，不宜与其他药剂混用。可能有分层现象，摇匀后使用不影响药效。贮运时最好放于阴凉、通风、避光、防热、低温处，并注意防压。

20. 波尔多液

【产品特点】波尔多液是以硫酸铜和生石灰为主配制而成的一种广谱保护性低毒杀菌剂，其有效成分主要为碱式硫酸铜。波尔多液持效期长，耐雨水冲刷，防病范围广，在发病前或发病初期喷施效果最佳。铜离子主要阻碍和抑制病菌的代谢，导致病菌死亡；铜离子对病菌作用位点多，使病菌很难产生抗药性。波尔多液对轮纹病、炭疽病、疮痂病、溃疡病、褐斑病、黑星病、锈病、霜霉病、叶斑病等多种病害均具有很好的防治效果。

【使用技术】选用自己配制的波尔多液时，因用药时期和使用植物不同而选择的配制比例不同。波尔多液为保护性杀菌剂，在病菌侵入前用药效果最好，且喷药应均匀周到。一般不能与其他药剂混用。阴雨连绵或露水未干时喷施波尔多液易发生药害。

21. 硫酸铜钙

【产品特点】硫酸铜钙是一种广谱保护性铜素杀菌剂，低等毒性，相当于工业化生产的“波尔多粉”，但喷施后对叶面没有药斑污染。其杀菌机制是通过释放的铜离子与病原真菌或细菌体内的多种生物基团结合，形成铜的络合物等物质，使蛋白质变性，从而阻碍和抑制代谢，导致病菌死亡。可防治多种经济作物上的真菌性与细菌性病害，如蔬菜的疫病、猝倒病、立枯病、霜霉病、晚疫病、真菌性叶斑病、细菌性叶斑病等。

【使用技术】硫酸铜钙使用方法多样，既可用于喷雾防治地上病害，又可用于土壤处理防治土传病害。由于铜离子在土壤中不易降解或被固定，所以杀菌效果稳定且持效期较长。

22. 喹啉铜

【产品特点】喹啉铜是一种喹啉类低毒保护性杀菌剂，属于有机铜整合物，广谱、高效、低残留，使用安全，对真菌性、细菌性病害均具有良好的预防和治疗作用。喷施后在植物表面形成严密的保护膜，缓慢释放铜离子抑制病菌萌发和侵入，从而达到防病治病的目的。对晚疫病、疫病、疫腐病、霜霉病等具有很好的防治效果。

【使用技术】喹啉铜主要通过喷雾防治植物病害，有时也可用于拌种。不能与强酸及碱性药剂混用。喷药时药液应均匀、周到，一般作物的安全采收间隔期为15天。

23. 春雷霉素

【产品特点】春雷霉素是一种放线菌产生的代谢产物，属于农用抗生素类低毒杀菌剂；具有较强的渗透性和内吸性，并能在植物体内移动；喷药后见效快，耐雨水冲刷，持效期长；对病害具有预防和治疗作用，尤其是治疗效果更为显著。其杀菌机制是干扰病菌氨基酸代谢的酯酶系统，影响蛋白质合成，进而抑制菌丝生长并造成细胞颗粒化，但对孢子萌发没有作用。试验表明，瓜类喷施该药后叶色浓绿，并能延长收获期。春雷霉素主要用于防治番茄叶霉病、辣椒疮痂病、黄瓜细菌性叶斑病、甜瓜细菌性叶斑病、芹菜叶斑病、菜豆晕枯病、水稻稻瘟病、柑橘疮痂病、瓜类枯萎病及多种植物的炭疽病等真菌性病害和细菌性病害。

【使用技术】防治叶片和果实病害时，主要采用喷雾法；防治枯萎病时，则用药液灌根，瓜类定植后半个月左右灌根。

24. 多抗霉素

【产品特点】多抗霉素是一种农用抗生素类广谱性低毒杀菌剂，具有较好的内吸传导作用，杀菌力强。其杀菌机制是干扰病菌细胞壁几丁质的生物合成，芽管和菌丝体接触药剂后，局部膨大、破裂，溢出细胞内含物，使其不能正常发育而最终死亡；同时，还有抑制病菌产孢和病斑扩大的作用。该药使用安全，对人、畜基本无毒，也不污染环境。多抗霉素适用范围极广，对白粉病、黑斑病、早疫病、赤星病、斑点落叶病、穗轴褐枯病、褐斑病、炭疽病、轮纹病、黑星病、灰霉病、叶霉病、霜霉病、晚疫病、纹枯病、立枯病等多种真菌性病害均具有很好的防治效果。

【使用技术】多抗霉素主要通过喷雾进行施药。在病害发生前或初见病斑时用药效果好。不能与酸性或碱性药剂混用，注意与其他不同类型药剂交替使用，以防病菌产生抗药性。

25. 武夷霉素

【产品特点】武夷霉素是一种核苷类农用抗生素，属于广谱性低毒杀菌剂，对多种植物病原菌均具有较强的抑制作用，使用安全。

【使用技术】武夷霉素主要用于防治多种植物的白粉病，如黄瓜、西葫芦、西瓜、草莓、葡萄、苹果、花卉植物等。武夷霉素主要用于喷雾，从病害发生初期开始喷药，每7～10天1次，连续喷2～3次。喷药时必须及时、均匀、周到。

26. 硫酸链霉素

【产品特点】硫酸链霉素是一种放线菌代谢产生的微生物源杀菌剂，属于抗生素类，对细菌性病害具有保护和治疗作用，呈弱酸性，易溶于水，高温及碱性条件下易分解失效。其杀菌机制是干扰细菌蛋白质的合成、抑制肽链的延长，导致病菌死亡。低毒、低残留，使用安全，不污染环境，持效期为7～10天。硫酸链霉素是防治细菌性病害的专用药剂，对软腐病、黑腐病、溃疡病、疮痂病、青枯病、细菌性叶斑病、细菌性穿孔病、白叶枯病等细菌性病害均具有很好的防治效果。

【使用技术】硫酸链霉素主要通过喷雾或浇灌茎基部防治病害，在病害发病初期开始用药效果好。不能与碱性药剂或污水混合使用，否则容易失效。药剂使用时应现配现用，药液不能久存。

27. 叶枯唑

【产品特点】叶枯唑是一种有机杂环类内吸性低毒杀菌剂，具有预防和治疗作用，持效期长，药效稳定，使用安全无药害。主要用于防治细菌性植物病害。

【使用技术】叶枯唑主要通过喷雾防治病害，有时也可用于灌根。不能与碱性药剂混用。本剂内吸性好，抗雨水冲刷，喷后4小时下雨，基本不影响药效。

28. 甲霜灵

【产品特点】甲霜灵属酰苯胺类低毒杀菌剂，具有保护和治疗双重防病功效。在植物体内杀死已经侵入的病菌，并在内部起保护作用。其杀菌机制是通过影响病菌RNA的生物合成而抑制病菌的菌丝生长，进而导致病菌死亡。甲霜灵主要用于防治霜霉病、疫霉病、腐霉病、疫病、疫腐病、晚疫病、黑胫病、猝倒病等低等真菌病害。

【使用技术】甲霜灵使用方法多样，既可喷雾、喷淋，也可涂抹、浇灌，还可拌种。防治瓜菜类疫病或疫腐病时，由于病害发生在地表（根茎部）附近，所以多用浇灌方法用药。不宜连续使用，注意与其他不同类型药剂交替使用；根据病害发生情况，灵活选择相应用药方法。

参 考 文 献

[1] 梁成华，吴建繁. 保护地蔬菜生理病害诊断及防治 [M]. 北京：中国农业出版社，1999.

[2] 孙兴祥，王军，倪宏正等. 大棚西瓜无公害生产技术 [M]. 北京：中国农业出版社，2007.

[3] 王献杰. 西瓜、甜瓜 [M]. 北京：中国农业大学出版社，2006.

[4] 刘雅忱. 西甜瓜栽培技术 200 问 [M]. 长春：吉林出版集团，2007.

[5] 郭书普. 新版蔬菜病虫害防治彩色图鉴 [M]. 北京：中国农业出版社，2010.

欢迎订阅农业类图书

书号	书名	定价/元
18188	作物栽培技术丛书——优质抗病烤烟栽培技术	19.8
17494	作物栽培技术丛书——水稻良种选择与丰产栽培技术	19.8
17426	作物栽培技术丛书——玉米良种选择与丰产栽培技术	23.0
16787	作物栽培技术丛书——种桑养蚕高效生产及病虫害防治技术	23.0
16973	A级绿色食品——花生标准化生产田间操作手册	21.0
18413	水产养殖看图治病丛书——黄鳝泥鳅疾病看图防治	29.0
18391	水产养殖看图治病丛书——常见虾蟹疾病看图防治	35.0
18389	水产养殖看图治病丛书——观赏鱼疾病看图防治	35.0
18240	水产养殖看图治病丛书——常见淡水鱼疾病看图防治	35.0
18211	苗木栽培技术丛书——樱花栽培管理与病虫害防治	15.0
18194	苗木栽培技术丛书——杨树丰产栽培与病虫害防治	18.0
15650	苗木栽培技术丛书——银杏丰产栽培与病虫害防治	18.0
15651	苗木栽培技术丛书——树莓蓝莓丰产栽培与病虫害防治	18.0
18095	现代蔬菜病虫害防治丛书——茄果类蔬菜病虫害诊治原色图鉴	59.0
17973	现代蔬菜病虫害防治丛书——西瓜甜瓜病虫害诊治原色图鉴	39.0
17964	现代蔬菜病虫害防治丛书——瓜类蔬菜病虫害诊治原色图鉴	59.0
17951	现代蔬菜病虫害防治丛书——菜用玉米菜用花生病虫害及菜田杂草诊治图鉴	39.0
17912	现代蔬菜病虫害防治丛书——葱姜蒜薯芋类蔬菜病虫害诊治原色图鉴	39.0
17896	现代蔬菜病虫害防治丛书——多年生蔬菜、水生蔬菜病虫害诊治原色图鉴	39.8
17789	现代蔬菜病虫害防治丛书——绿叶类蔬菜病虫害诊治原色图鉴	39.9
17691	现代蔬菜病虫害防治丛书——十字花科蔬菜和根菜类蔬菜病虫害诊治原色图鉴	39.9
17445	现代蔬菜病虫害防治丛书——豆类蔬菜病虫害诊治原色图鉴	39.0

续表

书号	书名	定价/元
17525	饲药用动植物丛书——天麻标准化生产与加工利用一学就会	23.0
16916	中国现代果树病虫原色图鉴(全彩大全版)	298.0
17326	亲近大自然系列——常见野生蘑菇识别手册	39.8
15540	亲近大自然系列——常见食药用昆虫	24.8
16833	设施园艺实用技术丛书——设施蔬菜生产技术	39.0
16132	设施园艺实用技术丛书——园艺设施建造技术	29.0
16157	设施园艺实用技术丛书——设施育苗技术	39.0
16127	设施园艺实用技术丛书——设施果树生产技术	29.0
09334	水果栽培技术丛书——枣树无公害丰产栽培技术	16.8
14203	水果栽培技术丛书——苹果优质丰产栽培技术	18.0
09937	水果栽培技术丛书——梨无公害高产栽培技术	18.0
10011	水果栽培技术丛书——草莓无公害高产栽培技术	16.8
10902	水果栽培技术丛书——杏李无公害高产栽培技术	16.8
12279	杏李优质高效栽培掌中宝	18.0
21424	果树病虫害防治丛书——大枣柿树病虫害防治原色图鉴	32.0
21369	果树病虫害防治丛书——石榴病虫害防治及果树农药使用简表	29.0
21637	果树病虫害防治丛书——苹果病虫害防治原色图鉴	59.0
21421	果树病虫害防治丛书——樱桃山楂番木瓜病虫害防治原色图鉴	32.0
21407	果树病虫害防治丛书——猕猴桃枸杞无花果病虫害防治原色图鉴	29.0
21636	果树病虫害防治丛书——桃李杏梅病虫害防治原色图鉴	49.0
21423	果树病虫害防治丛书——柑橘橙柚病虫害防治原色图鉴	49.0
21439	果树病虫害防治丛书——板栗核桃病虫害防治原色图鉴	32.0
21438	果树病虫害防治丛书——草莓蓝莓树莓黑莓病虫害防治原色图鉴	29.0
21440	果树病虫害防治丛书——葡萄病虫害防治原色图鉴	32.0

续表

书号	书名	定价/元
22145	棚室蔬菜栽培图解丛书——图说棚室辣(甜)椒栽培关键技术	20.0
22141	棚室蔬菜栽培图解丛书——图说棚室茄子、番茄栽培关键技术	23.0
22139	棚室蔬菜栽培图解丛书——图说棚室黄瓜栽培关键技术	28.0
23584	棚室蔬菜栽培图解丛书——图说棚室南瓜西葫芦栽培关键技术	28.0
24092	棚室蔬菜栽培图解丛书——图说棚室萝卜马铃薯栽培关键技术	
23078	棚室蔬菜栽培图解丛书——棚室蔬菜栽培技术大全	69.0